目　次

U0426586

前　言

本规范按照 GB/T 1.1—2009《标准化工作导则　第 1 部分：标准的结构和编写》给出的规则起草。

本规范的附录 A、B、C 均为规范性附录。

本规范由中国地质灾害防治工程行业协会提出并归口。

本规范主编单位：中铁二院重庆勘察设计研究院有限责任公司、湖北省地质局第五地质大队。

本规范参编单位：中国科学院武汉岩土力学研究所、长江水利委员会长江科学院、招商局重庆交通科研设计院有限公司、中国地质科学院探矿工艺研究所、中铁西北科学研究院有限公司。

本规范主要起草人：李正川、彭家贵、周彬、石志龙、谢晓林、季学亮、郭培国、丁代坡、刘贵应、闵弘、朱泽奇、王万值、柴贺军、唐胜传、徐建强、王全成、石胜伟、曾中林、刘勇、王庆乐、董志宏、黄书岭、王建松、刘庆元、董迪迪、徐海涛、黄波、胡峰、戴俊巍、王正兵、张国伟、张平伟、肖婷婷、万军、杨小刚、赵彪、王文涛、吴胜、汪阳杰、刘强、杨敏、丁锐、李涛、杨文平、赵志纯、黄和平、杨灵平。

本规范由中国地质灾害防治工程行业协会负责解释。

引　言

为推动地质灾害防治工程行业健康发展，国土资源部（现为自然资源部）发布了《国土资源部关于编制和修订地质灾害防治行业标准工作的公告》（国土资源部公告2013年第12号），确定将《地质灾害治理锚固工程设计规范》纳入地质灾害防治行业标准，特制定本规范。

本规范在收集和研究国内外锚固工程成熟的技术方法基础之上，经广泛调查研究，认真总结我国锚固工程的经验和教训，借鉴国内外有关标准的规定，充分吸收全国勘查、设计单位在锚固工程设计中的先进经验和成功做法编写而成。

本规范由范围，规范性引用文件，术语、定义和符号，基本规定，锚杆，锚索，锚杆（索）挡墙，锚喷支护，土钉墙，锚杆（索）试验，锚杆（索）监测，设计成果等内容组成。

地质灾害治理锚固工程设计规范(试行)

1 范围

本规范规定了地质灾害治理锚固工程设计的一般规定、设计计算、构造要求、施工要求、锚杆(索)试验、锚杆(索)监测和设计成果要求。

本规范适用于地质灾害治理锚固工程设计,其他岩土锚固工程设计可参考使用。

锚固工程设计除应符合本规范规定外,尚应符合国家现行有关标准的规定。

2 规范性引用文件

下列文件中的条款通过本规范的引用而成为本规范的条款。凡是注明日期的引用文件,其随后所有的修改单(不包括勘误的内容)或修订版均不适用于本规范。凡是未明注日期的引用文件,其最新版本适用于本规范。

GB/T 5223　预应力混凝土用钢丝

GB/T 5224　预应力混凝土用钢绞线

GB/T 14370　预应力筋用锚具、夹具和连接器

GB 50010　混凝土结构设计规范

GB 50011　建筑抗震设计规范

GB 50021　岩土工程勘察规范

GB 50086　岩土锚杆与喷射混凝土支护工程技术规范

GB 50119　混凝土外加剂应用技术规范

GB 50330　建筑边坡工程技术规范

GB/T 50476　混凝土结构耐久性设计规范

GB 50666　混凝土结构工程施工规范

GB 50843　建筑边坡工程鉴定与加固技术规范

GJB 5055　土钉支护技术规范

JG/T 430　无粘结预应力筋用防腐润滑脂

JGJ 120　建筑基坑支护技术规程

TB 10025　铁路路基支挡结构设计规范

3 术语、定义和符号

3.1 术语和定义

下列术语和定义适用于本规范。

3.1.1

地质灾害 geological hazard(geohazard),geological disaster(geodisaster)

由于自然或人为因素引发、危害或威胁人类生命和财产安全及生存环境质量的不良地质作用和

现象，包括崩塌、滑坡、泥石流、地面塌陷、地裂缝和地面沉降等。

3.1.2

锚固 anchoring

通过锚杆或锚索将不稳定岩土体与稳定岩土体紧密联结，以加固不稳定地质体的工程措施。

3.1.3

锚索 anchor rope

通过外端固定于坡面，另一端锚固穿过滑动面的钢绞线或高强钢丝束，将拉力传至稳定岩土层，以增大抗滑力，提高边坡稳定性。

3.1.4

锚杆 anchor bolt

通过外端固定于坡面，另一端锚固穿过滑动面的杆体，将拉力传至稳定岩土层，以增大抗滑力，提高边坡稳定性。

3.1.5

预应力锚杆 prestressed anchor bar

用锚杆施加预应力的锚固方法，增加支挡结构或岩土体稳定性的措施。由钻孔穿过软弱岩层或滑动面，把杆体一端锚固在坚硬的岩层中(称内锚头)，然后在另一个自由端(称外锚头)进行张拉，对岩层施加压力，加固不稳定岩土体。

3.1.6

锚索自由段 free segment ofcable

在锚索孔中没有锚固剂的锚索长度，即穿过被加固岩体的孔段。

3.1.7

锚索锚固段 anchoring section

通过灌浆锚固到岩体内的锚索部分，如果设置止浆环，是指止浆环到孔底的部分。

3.1.8

锚具 anchorage

将预应力锚索的张拉力传递给被锚固介质的永久锚固装置。

3.1.9

外锚墩 outer fixed end

对锚杆实现张拉和锁定的支撑装置，也叫外锚头。

3.1.10

土钉 soil nailing

沿孔全长注浆，依靠与土体之间的界面黏结力或摩擦力在土体发生变形的条件下被动受力并主要承受拉力作用，用来加固或同时锚固现场原位土体的杆件。

3.1.11

拉力型锚索 tension-type cable

受力时锚固段注浆体处于受拉状态的锚索。

3.1.12

压力型锚索 pressure-type cable

受力时锚固段注浆体处于受压状态的锚索。

3.1.13

荷载分散型锚索 load-dispersion type anchorage cable

在一个锚孔中,由几个单元锚索组成的复合锚固体系。它能将锚固力分散作用于总锚固段的不同部位上,分为拉力分散型、压力分散型和拉压复合型三种。

3.1.14

锚固基本试验 basic test of anchoring

为确定锚杆极限承载力和获得有关设计参数而进行的试验。

3.1.15

锚固验收试验 acceptance test of anchoring

为检验锚杆施工质量及承载力是否满足设计要求而进行的试验。

3.1.16

锚固蠕变试验 creep test of anchoring

确定锚杆在恒定作用下位移随时间变化规律的试验。

3.1.17

锚杆(索)挡墙 anchored retaining wall

由钢筋混凝土板和锚杆(索)组成,依靠锚固在岩土层内的锚杆(索)的水平拉力以承受土体侧压力的挡土墙。

3.1.18

锚喷支护 shotcrete-anchorage support

单独或结合使用喷混凝土、锚杆、加钢丝网支护岩土体的措施。

3.2 符号

3.2.1 作用和作用效应

N_{ak}——相应于作用的标准组合时锚杆所受轴向拉力(kN);

N_{ak}'——相应于作用的标准组合时锚杆所受轴向拉力修正值(kN);

N_a'——锚索轴向拉力设计值(kN);

F_n——设锚处每孔锚索承担的滑坡推力设计值(kN);

e_{ah}'——侧向岩土水平压应力修正值(kN/m^2);

E_{ah}——侧向主动岩土压力合力的水平分力(kN/m);

E_{ah}'——侧向主动岩土压力合力的水平分力修正值(kN/m);

H_{tk}——锚杆水平拉力标准值(kN);

G_t——不稳定块体自重在平行于滑面方向的分力(kN);

G_n——不稳定块体自重在垂直于滑面方向的分力(kN);

N_{akti}——单根锚杆轴向拉力在抗滑方向的分力(kN);

N_{akni}——单根锚杆轴向拉力在垂直于滑动面方向的分力(kN);

σ_i——水平土压应力(kPa);

E_i——第 i 层土钉的计算轴向拉力(kN);

W_i——分条(块)重量(kN/m)。

3.2.2 材料性能和抗力性能

f_y、f_{py}——普通钢筋、预应力筋(钢绞线)抗拉强度设计值(kPa);

f_{yk}、f_{stk}——普通钢筋屈服强度、极限强度标准值(kPa);
f_{pyk}、f_{ptk}——预应力筋(钢绞线)屈服强度、极限强度标准值(kPa);
f_{rbk}——岩土体与注浆体间的极限黏结强度标准值(kPa);
f_b——钢筋与注浆体间的黏结强度设计值(kPa);
φ——滑动面内摩擦角(°);
f_b'——钢绞线与注浆体间的黏结强度设计值(kPa);
$[\sigma]$——地基承载力特征值(kPa);
f——滑动面的摩擦系数;
c——滑动面的黏聚力(kPa);
γ——边坡岩土体重度(kN/m³);
T_i——土钉抗拉力(kN);
F_i——土钉抗拔力(kN);
c_i——岩土体的黏聚力(kPa);
φ_i——岩土体的内摩擦角(°);
P_i——土钉的抗拔能力(kN)。

3.2.3 几何参数

α——锚杆轴向与水平面的夹角(°);
A_s——锚杆钢筋或预应力筋截面面积(m²);
D——锚孔孔径(m);
d_0——锚杆钢筋束外直径(m);
s——保护层厚度(m);
l_a——锚杆锚固段长度(m);
n——钢筋、钢绞线根数(根);
d——锚杆钢筋直径(m);
α'——锚索与滑动面相交处滑动面与水平面夹角(°);
β——锚索与水平面夹角(°);
A_s'——锚索截面面积(m²);
d_0'——锚固段中钢绞线束的最大外直径(m);
l_a'——锚索锚固段长度(m);
d_s——锚索公称直径(m);
d'——单根钢绞线直径(m);
A_m——锚墩面积(m²);
H——挡墙高度(m);
s_{xj}、s_{yj}——锚杆的水平和垂直间距(m);
A——滑动面面积(m²);
h_i——墙顶距离第 i 层土钉的高度(m);
δ——墙背摩擦角(°);
α_1——墙背与竖直面间的夹角(°);
S_x、S_y——土钉水平与垂直间距(m);

β_j——土钉轴线与水平面的夹角(°)；
l——潜在破裂面与墙面的距离(m)；
d_b——土钉直径(m)；
d_h——土钉钻孔直径(m)；
l_{ei}——第 i 根土钉有效锚固段长度(m)；
l_i——分条(块)的潜在破裂面长度(m)；
α_i——土钉墙破裂面与水平面夹角(°)；
β_i——土钉轴线与破裂面夹角(°)；
n'——土钉排数。

3.2.4 计算系数

K_b——锚杆杆体(锚索)抗拉安全系数；
K——锚杆(索)注浆体抗拔安全系数；
K_m——锚索超张拉系数；
β_1——锚杆(索)挡墙侧向岩土压力修正系数；
λ_a——库仑主动土压力系数；
K_0——土钉墙施工阶段及使用阶段整体稳定系数。

4 基本规定

4.1 一般规定

4.1.1 地质灾害锚固工程设计应在取得下列基础资料的情况下，综合考虑各种因素，有效地利用岩土体自身强度和自稳能力，因地制宜，合理设计。

a) 地质灾害勘查报告：区域环境条件、气候条件、地形资料、地质构造、岩土体力学参数、地下水分布与性质、岩土体与注浆体间的极限黏结强度、侵蚀性环境、地震、与工程相关的法规等资料；
b) 地质灾害体影响区的范围及区内建(构)筑物类型、分布、规划等资料；
c) 施工条件、施工技术、设备性能等资料；
d) 类似地质灾害防治工程经验。

4.1.2 锚固工程设计应重视环境保护、水土保持、文物保护，应与治理场地建设及周边环境相结合。

4.1.3 永久锚固工程设计使用年限为50年，且不应低于受其保护建(构)筑物的设计使用年限。

4.1.4 锚固工程设计阶段划分为可行性方案设计、初步设计和施工图设计3个阶段。对于规模小、地质条件简单的灾害体，可简化为1个阶段，即施工图设计阶段。

a) 可行性方案设计：依据地质灾害评估或初勘报告、防治目标，对多种方案的技术、经济、社会和环境效益等进行论证；编制估算表。
b) 初步设计：依据初勘或详勘报告，对推荐方案进行充分论证；提出具体工程实现步骤和有关工程参数，进行结构设计；编制概算书。
c) 施工图设计：依据详勘报告，对初步设计确定的工程图进行细部设计；提出施工技术、施工组织和安全措施要求，满足工程施工和招投标要求，编制工程施工图件及说明；编制预算书。

d） 应急抢险治理工程设计是地质灾害防治工程设计中的特殊阶段，应尽量与后续永久治理工程相结合。

4.1.5 采用锚固工程对黄土、冻土、膨胀土等特殊性岩土及腐蚀性环境的地质灾害体进行治理时，宜结合当地的设计使用经验。

4.1.6 锚固工程宜采用动态设计法，信息化施工。

4.2 防治工程等级

地质灾害防治工程等级根据各灾害体威胁设施的重要性、威胁人数及可能直接经济损失等因素按表1确定。

表1 防治工程等级划分

级别		Ⅰ级	Ⅱ级	Ⅲ级
威胁对象	威胁设施的重要性	重要	较重要	一般
	威胁人数/人	＞500	500～100	＜100
可能直接经济损失/万元		＞5 000	5 000～500	＜500

注1：重要威胁设施是指核电站、政治设施、军事设施、国家级风景名胜区、高速公路、铁路、机场、大型水利水电设施、县级和县级以上城市等；

注2：较重要威胁设施是指主要集镇、大型工矿企业、重要桥梁、国道、省级风景名胜区、中型水利水电工程等；

注3：一般威胁设施是指一般居民点、一般工矿企业、省道、小型水利水电工程等。

4.3 设计原则

4.3.1 锚固工程应结合地质灾害类型及防治工程等级进行设计。

4.3.2 锚固工程计算采用安全系数法，计算锚固工程支护结构的稳定性时，应采用荷载效应基本组合，但分项系数均为1.0。

4.3.3 计算锚杆（索）面积、锚杆（索）体与注浆体间的锚固长度、锚杆（索）注浆体与岩土体间的锚固长度时，传至锚杆（索）的作用效应应采用荷载效应标准组合。

4.3.4 在确定支护结构截面或支护结构内力、混凝土配筋和验算材料强度时，应采用荷载效应基本组合，并应满足公式(1)的要求：

$$\gamma_0 S \leqslant R \qquad (1)$$

式中：

γ_0 ——支护结构重要性系数，防治工程等级为Ⅰ级不应小于1.1，Ⅱ级、Ⅲ级不应小于1.05，临时工程不应小于1.0；

S ——基本组合的效应设计值；

R ——结构构件的抗力设计值。

4.3.5 计算支护结构变形、锚杆（索）变形及地基沉降时，应采用荷载效应的准永久组合，不计入风荷载和地震作用，相应的限值应为支护结构、锚杆（索）或地基的变形允许值。

4.3.6 支护结构抗裂计算时，应采用荷载效应标准组合，并考虑长期作用影响。

4.3.7 地震区锚固工程设计应符合下列规定：

a） 抗震设计时地震作用效应和荷载效应的组合应按国家现行有关标准执行；

b） 支护结构和锚杆(索)外锚头等,应按抗震设防烈度要求采取相应的抗震构造措施；

c） 抗震设防区支护结构或构件承载能力应采用地震作用效应和荷载效应基本组合进行验算。

5 锚杆

5.1 一般规定

5.1.1 锚杆根据锚固段注浆体受力的不同,主要分为拉力型、压力型。

5.1.2 锚杆类型的采用应根据地质灾害工程地质条件、锚杆特性以及施工工艺等因素综合确定。

5.1.3 永久性锚杆的锚固段不应设置在未经处理的以下地层中：

a） 有机质土、淤泥质土；

b） 液限 ω_L＞50 %的土层；

c） 相对密实度 D_r＜0.3 的土层。

5.1.4 特殊岩土层的锚固设计应在充分调查研究或必要的试验基础上进行特殊设计。

5.1.5 下列情况宜采用预应力锚杆：

a） 变形控制要求严格的地质灾害体；

b） 初期需要预应力控制变形的地质灾害体；

c） 存在外倾软弱结构面,稳定性较差的地质灾害体。

5.2 设计计算

5.2.1 锚杆拉力

锚杆结构见图 1,锚杆的轴向拉力标准值应按公式(2)计算：

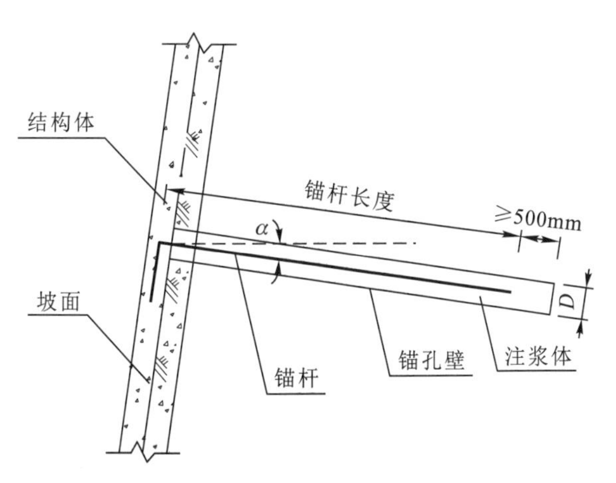

图 1 锚杆结构示意图

$$N_{ak} = \frac{H_{tk}}{\cos\alpha} \quad \cdots\cdots (2)$$

式中：

N_{ak} ——相应于作用的标准组合时锚杆所受轴向拉力(kN)；

H_{tk} ——锚杆水平拉力标准值(kN)；

α——锚杆轴向与水平面的夹角(°)。

5.2.2 锚杆钢筋面积

锚杆钢筋截面面积应满足公式(3)和公式(4)的要求。

普通钢筋锚杆：

$$A_s \geqslant \frac{K_b N_{ak}}{f_y} \quad \cdots\cdots (3)$$

预应力筋锚杆：

$$A_s \geqslant \frac{K_b N_{ak}}{f_{py}} \quad \cdots\cdots (4)$$

式中：

A_s——锚杆钢筋或预应力筋截面面积(m^2)；

K_b——锚杆杆体抗拉安全系数，按表 2 取值；

f_y、f_{py}——普通螺纹钢筋、预应力螺纹钢筋抗拉强度设计值(kPa)，按附录 A 表 A.1、表 A.2 取值。

表 2 锚杆杆体抗拉安全系数

防治工程等级	安全系数	
	临时性锚杆	永久性锚杆
Ⅰ级	1.8	2.2
Ⅱ级	1.6	2.0
Ⅲ级	1.4	1.8

5.2.3 锚孔孔径

锚孔孔径应满足公式(5)的要求：

$$D \geqslant d_0 + 2s \quad \cdots\cdots (5)$$

式中：

D——锚孔孔径(m)；

d_0——锚杆钢筋束外直径(m)；

s——保护层厚度(m)。

5.2.4 锚杆锚固段长度

5.2.4.1 岩土体与锚杆注浆体间的锚固段长度应满足公式(6)的要求：

$$l_a \geqslant \frac{K N_{ak}}{\pi D f_{rbk}} \quad \cdots\cdots (6)$$

式中：

l_a——锚杆锚固段长度(m)，尚应满足本规范第 5.3.3 条的规定；

K——锚杆注浆体抗拔安全系数，按表 3 取值；

f_{rbk}——岩土体与注浆体间的极限黏结强度标准值(kPa)，应通过试验确定，当无试验资料时可按表 4 和表 5 取值。

表 3　锚杆注浆体抗拔安全系数

防治工程等级	安全系数	
	临时性锚杆	永久性锚杆
Ⅰ级	2.0	2.6
Ⅱ级	1.8	2.4
Ⅲ级	1.6	2.2

表 4　岩石与注浆体间的极限黏结强度标准值 f_{rbk}　单位:kPa

岩石类别	f_{rbk}	岩石类别	f_{rbk}
极软岩	270～360	较硬岩	1 200～1 800
软岩	360～760	坚硬岩	1 800～2 600
较软岩	760～1 200		

注 1:表中数据适用注浆强度等级为 M30;

注 2:表中数据仅适用于初步设计,施工时应通过试验检验;

注 3:岩体结构面发育时,取表中下限值;

注 4:表中岩石类别根据天然单轴抗压强度 f_r 划分:$f_r \leqslant 5$ MPa 为极软岩,5 MPa$< f_r \leqslant$15 MPa 为软岩,15 MPa$< f_r \leqslant$30 MPa 为较软岩,30 MPa$< f_r \leqslant$60 MPa 为较硬岩,$f_r >$60 MPa 为坚硬岩。

表 5　土体与注浆体间的极限黏结强度标准值 f_{rbk}　单位:kPa

土层种类	土的状态	f_{rbk}
黏性土	软塑	20～40
	可塑	40～50
	硬塑	50～65
	坚硬	65～100
砂土	稍密	100～140
	中密	140～200
	密实	200～280
碎石土	稍密	120～160
	中密	160～220
	密实	220～300
黄土	Qh	40～45
	Qp_3	50～55
	Qp_2	60～65

注 1:表中数据适用注浆强度等级为 M30;

注 2:Qp_1 黄土土体与注浆体间极限黏结强度标准值可参考 Qp_2 上限值,并结合现场拉拔实验情况进行取值;

注 3:注浆体与黄土间的极限黏结强度标准值,当采用二次灌浆、扩孔工艺时可适当提高;

注 4:表中数据仅适用于初步设计,施工时应通过试验检验。

5.2.4.2　锚杆钢筋与锚固注浆体的锚固段长度应满足公式(7)要求：

$$l_a \geqslant \frac{KN_{ak}}{n\pi d f_b} \quad \cdots\cdots (7)$$

式中：n——钢筋根数(根)；

d——锚杆钢筋直径(m)；

f_b——钢筋与注浆体间的黏结强度设计值(kPa)，应由试验确定，当缺乏试验资料时可按表6取值。

表6　水泥浆或水泥砂浆与螺纹钢筋间的黏结强度设计值 f_b　　单位：kPa

水泥浆或水泥砂浆强度等级	M25	M30	M35
f_b	2 100	2 400	2 700

注1：当采用2根钢筋点焊成束的作法时，黏结强度应乘0.85的折减系数；
注2：当采用3根钢筋点焊成束的作法时，黏结强度应乘0.7的折减系数。

5.2.5　永久性锚杆抗震验算时，锚杆安全系数应按0.8折减。

5.3　构造要求

5.3.1　锚杆通常由杆体材料、注浆体、锚头、定位架、锚孔等组成。锚杆总长度应为锚固段、自由段和外锚头的长度之和。

5.3.2　锚杆自由段长度应超过潜在滑面不小于1.5 m，预应力锚杆自由段长度不应小于5.0 m。

5.3.3　锚杆锚固段长度应根据岩土体与注浆体间、锚杆杆体与注浆体间的黏结强度计算确定，并取其中大值。土层锚杆的锚固段长度不应小于4.0 m，且不宜大于10.0 m；岩层锚杆的锚固段长度不应小于3.0 m，且不宜大于45D和6.5 m。当计算锚固段长度超过构造要求长度时，应采取改善锚固段岩土体质量、提高灌浆压力、扩大锚固段直径、采用荷载分散型锚杆等措施，提高锚杆承载能力。

5.3.4　成束钢筋的根数不应超过3根，钢筋截面总面积不应超过锚孔面积的20%。当锚固段钢筋和注浆材料采用特殊设计，并经试验验证锚固效果良好时，可适当增加锚杆钢筋用量。

5.3.5　锚杆定位架应沿锚杆轴向每隔1.0 m～3.0 m设置一个，对土层应取小值，对岩层可取大值。

5.3.6　经过防腐蚀处理后，非预应力锚杆的自由段外端应埋入钢筋混凝土构件内50 mm以上，并满足《混凝土结构设计规范》(GB 50010)的有关规定。对预应力锚杆，其锚头的锚具经除锈、涂防腐漆三度后应采用钢筋网罩、现浇混凝土封闭，且混凝土强度等级不应低于C30，厚度不应小于100 mm，钢筋保护层厚度不应小于50 mm。

5.3.7　锚杆的钻孔应符合下列规定：

a)　锚杆的钻孔直径应满足锚杆抗拔承载力和防腐保护要求，压力型或压力分散型锚杆的钻孔直径尚应满足承载体尺寸的要求；

b)　钻孔深度应超过锚杆设计长度500 mm；

c)　锚杆的倾角宜采用10°～35°，并应避免对相邻构筑物产生不利影响。

5.4　锚杆的防护要求

5.4.1　锚杆的防腐保护等级和措施，应根据锚杆的设计使用年限和所处地层腐蚀性确定，且防腐处理不应降低锚杆抗拔力。

5.4.2 锚固区域环境对锚杆的腐蚀程度可划分为微腐蚀、弱腐蚀、中等腐蚀和强腐蚀。各种腐蚀程度可参照《岩土工程勘察规范》(GB 50021)进行判定,并根据腐蚀程度按表7的规定进行防护设计。

表7 锚杆防护设计标准

环境对锚杆的腐蚀等级	临时性锚杆	永久性锚杆
微腐蚀、弱腐蚀	A级	C级
中等腐蚀	B级	C级
强腐蚀	C级	D级
注:A级:液体防护,如石灰水、防腐油等; B级:塑态防护,如凝胶、树脂、防腐油脂等; C级:刚性防护,如水泥砂浆、水泥浆、无黏结锚杆加波纹管等; D级:双层防护,全孔进行固结灌浆,无黏结锚杆加设波纹管并灌注特种水泥浆或水泥砂浆等。		

5.4.3 永久性锚杆水泥浆或水泥砂浆保护层厚度不应小于25 mm,对位于中等腐蚀、强腐蚀性岩土体内的锚固段,应采取特殊防腐蚀处理,且水泥浆或水泥砂浆保护层厚度不应小于50 mm;临时性锚杆水泥浆或水泥砂浆保护层厚度不应小于15 mm。

5.4.4 锚杆材料在永久防腐前要做好临时防护,临时防护应符合以下规定:

a) 切断腐蚀源,避免与有害物质之间接触;

b) 防止受潮、腐蚀气体侵蚀;

c) 禁止将锚杆材料直接堆放在地面或露天储存;

d) 锚杆杆体防腐防锈处理时所使用的材料及其附加剂、水泥浆或水泥砂浆等注浆体及其中掺入的减水剂、早强剂、膨胀剂等材料中,不得含有硝酸盐、亚硝酸盐、硫氰酸盐等,氯离子含量不得超过水泥重量的0.02 %;

e) 用于锚杆杆体的防腐材料宜采用专用防腐油脂,并符合《无粘结预应力筋用防腐润滑脂》(JG/T 430)的有关规定。

5.5 锚杆工程原材料要求

5.5.1 锚杆采用的材料应满足锚杆设计和稳定性要求。采用普通螺纹钢筋或预应力螺纹钢筋作为锚杆材料时,其力学性能应满足附录A的表A.1及表A.2规定,不宜采用镀锌钢材。

5.5.2 锚杆杆体采用中空筋材时,应采用厚壁无缝钢管制作,材料应采用合金钢,外表全长应具有标准的连接螺纹,用于加长锚杆的连接器应与锚杆杆体具有同等级强度。

5.5.3 注浆材料性能应满足下列要求:

a) 锚固段和锚杆封孔注浆材料宜采用硅酸盐水泥或普通硅酸盐水泥。当地下水有腐蚀性时,应采用特种水泥;

b) 锚杆注浆体的28 d无侧限抗压强度不应小于25 MPa;

c) 注浆管可采用聚乙烯塑料制作,应具有足够的内径,能使浆液压至钻孔的底部,注浆管的承受压力不应小于注浆压力。

5.5.4 锚具及其使用应满足下列要求：

a) 锚杆连接构件应能够承受锚杆的极限抗拉力；

b) 预应力锚杆的锚具和连接器的基本材料性能应符合《预应力筋用锚具、夹具和连接器》(GB/T 14370)的有关规定。当采用高强预应力材料时，锚具和连接器应与其相匹配；

c) 当采用锚具罩进行封锚时，锚具罩应采用钢材或塑料材料制作加工，需要完全罩住锚杆头和预应力筋尾端，与支撑面的接缝为水密性接缝。

5.5.5 锚杆防护套管材料性能应满足下列要求：

a) 具有足够的强度和柔韧性，在加工和安装过程中不被损坏；

b) 具有防水性和化学稳定性，对钢筋及预应力筋无不良影响；

c) 具有耐腐蚀性，与锚杆注浆体和防腐剂无不良反应；

d) 自由段套管应保证杆体在张拉和使用过程中能自由伸缩，始终保持该段杆体均衡受力。

5.5.6 定位架应采用硬质塑料、钢材或其他对杆体无害的材料制成，不得采用木制材料。

5.6 施工要求

5.6.1 锚杆施工前应调查施工区域对临近建(构)筑物、地下管网等的影响，并采取相应措施进行保护。

5.6.2 在地质灾害体中成孔宜采用干钻，终孔后利用空压机清孔。遇塌孔可带护壁套管钻进，不宜采用泥浆护壁。

5.6.3 锚杆注浆体可采用水灰比为0.45～0.50的纯水泥浆或灰砂比为0.8～1.5、水灰比为0.4～0.5的水泥砂浆，必要时可加入一定量的外加剂或掺合料。注浆管应插至距孔底50 mm～100 mm处，采用孔底返浆法进行注浆，注浆停止前应稳压至少10 min，漏浆时应及时补浆。

5.6.4 根据工程条件和设计要求确定注浆方法和压力，确保钻孔注浆饱满和浆体密实。

5.6.5 预应力锚杆张拉、锁定及封锚应符合下列规定：

a) 在锚杆锚固段的注浆体强度达到设计值的80 %后方可进行张拉。张拉时，加载速率应平缓，速率宜控制在设计预应力值的0.1倍/min左右，卸荷速率宜控制在设计预应力值的0.2倍/min左右；

b) 隔时分级施加荷载，直至压力表无返回现象时，方可进行锁定作业。张拉完成后48 h内，若发现预应力损失大于设计预应力值的10 %时，应进行补偿张拉；

c) 外露的锚具及预应力锚杆应按设计要求采取可靠的防损伤及防腐蚀措施。

6 锚索

6.1 一般规定

6.1.1 锚索根据锚固段注浆体受力的不同，主要分为拉力型、压力型、荷载分散型(拉力分散型与压力分散型)。对极软岩、风化岩及处于腐蚀性地层时，宜采用压力分散型锚索。

6.1.2 锚索的适用条件应符合本规范5.1.2～5.1.5条的规定。

6.1.3 下列情况不宜采用锚索：

a) 常水位以下及水位变动区；

b) 灾害体为欠固结土或对锚索可能产生横向荷载的区域。

6.2 设计计算

6.2.1 锚索拉力

滑坡预应力点锚结构见图 2，当采用预应力点锚对滑坡治理加固时(图 2)，锚索轴向拉力设计值应按公式(8)计算：

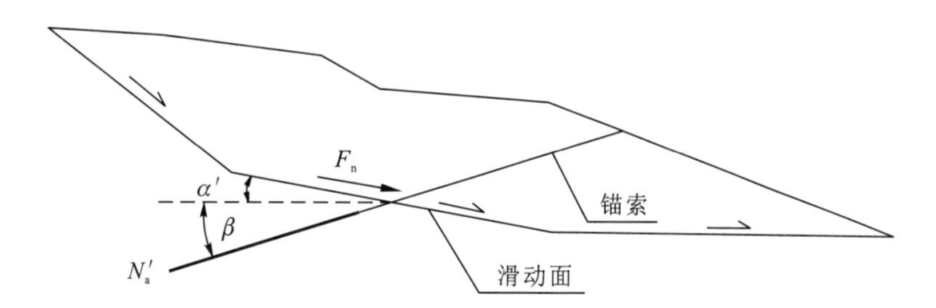

图 2 滑坡预应力点锚结构示意图

$$N_a' = \frac{F_n}{\sin(\alpha' + \beta)\tan\varphi + \cos(\alpha' + \beta)} \quad \cdots\cdots (8)$$

式中：

N_a' ——锚索轴向拉力设计值(kN)；

F_n ——设锚处每孔锚索承担的滑坡推力设计值(kN)；

α' ——锚索与滑动面相交处滑动面与水平面夹角(°)；

β ——锚索与水平面的夹角(°)，以下倾为宜，宜取 15°～30°，且($\alpha' + \beta$)不宜大于 45°，有条件时，取 $(\alpha' + \beta) = \varphi$；

φ ——滑动面内摩擦角(°)。

6.2.2 锚索面积

锚索面积应满足公式(9)的要求：

$$A_s' \geqslant \frac{K_b N_a'}{f_{py}} \quad \cdots\cdots (9)$$

式中：

A_s' ——锚索截面面积(m^2)；

K_b ——锚杆杆体抗拉安全系数；

f_{py} ——钢绞线抗拉强度设计值(kPa)，按附录 A 表 A.3 取值。

6.2.3 锚孔孔径

锚孔孔径应满足公式(10)的要求：

$$D \geqslant d_0' + 2s \quad \cdots\cdots (10)$$

式中：

D ——锚孔孔径(m)；

d_0' ——锚固段中钢绞线束的最大外直径(m)。

6.2.4 锚索的锚固段长度

6.2.4.1 岩土体与锚索注浆体间的锚固段长度应满足公式(11)的要求：

$$l_a' \geqslant \frac{KN_a'}{\pi D f_{rbk}} \quad \cdots\cdots (11)$$

式中：

l_a'——锚索锚固段长度(m)，尚应满足本规范第6.3.3条的规定；

f_{rbk}——岩土体与注浆体间的极限黏结强度标准值(kPa)。

6.2.4.2 锚索钢绞线与注浆体间的锚固长度应满足公式(12)的要求：

$$l_a' \geqslant \frac{KN_a'}{\pi d_s f_b'} \quad \cdots\cdots (12)$$

式中：

d_s——锚索公称直径(m)，按附录B表B.1取值；

f_b'——钢绞线与注浆体间的极限黏结强度设计值(kPa)，应由试验确定，当缺乏试验资料时可按表8取值。

表8 水泥浆或水泥砂浆与钢绞线、高强钢丝间的黏结强度设计值 f_b' 单位：kPa

水泥浆或水泥砂浆强度等级	M25	M30	M35
f_b'	2 750	2 950	3 400

当锚索锚固段为枣核状时，锚索锚固段长度应满足公式(13)的要求：

$$l_a' \geqslant \frac{KN_a'}{\pi n d' f_b'} \quad \cdots\cdots (13)$$

式中：

n——钢绞线根数(根)；

d'——单根钢绞线直径(m)。

6.2.5 锚墩计算

锚墩大小应满足公式(14)的要求：

$$A_m \geqslant \frac{K_m N_a'}{[\sigma]} \quad \cdots\cdots (14)$$

式中：

A_m——锚墩面积(m^2)；

K_m——锚索超张拉系数，K_m=1.1～1.2；

$[\sigma]$——地基承载力特征值(kPa)。

6.3 构造要求

6.3.1 锚索由锚索束体、注浆体、外锚头、隔离架和锚孔等组成。外锚头由锚墩、钢垫板和锚具组成。锚索总长度应为锚固段、自由段长度和张拉段长度之和。

6.3.2 锚索自由段长度应超过潜在滑面不小于1.5 m，且自由段长度不应小于5.0 m。张拉段长度应根据张拉机具决定，一般宜为1.0 m～1.5 m。

6.3.3 锚索锚固段长度应根据锚索束体与岩土体之间、锚索束体与注浆体之间的黏结强度计算确定，并取其中大值。同时，锚索锚固段长度不应小于4.0 m，且不宜大于10.0 m；位于软质岩中的锚索,可根据地区经验确定最大锚固段长度。

6.3.4 锚孔孔径应根据每孔锚索承担的轴向拉力设计值、岩土体性状、锚固类型、张拉材料、根数及钻孔能力等因素来确定,通常采用100 mm~200 mm。

6.3.5 锚索隔离架应沿锚索轴向每隔1.0 m~2.0 m设置一个,对土层应取小值,对岩层可取大值。隔离架应能使钢绞线可靠分离,使每股钢绞线之间的净距大于5 mm。

6.3.6 单锚墩设计的截面可采用矩形或"T"形,截面厚度不应小于300 mm,混凝土强度等级不应低于C25。单锚墩的截面尺寸应满足地基承载力要求,并配置适当的构造钢筋。

6.4 锚索的防护要求

6.4.1 应根据锚索的设计使用年限、地质灾害治理工程的重要程度、被锚固区域的岩土性质、地下水情况、设计拉力等因素对锚索进行防化学腐蚀、防应力腐蚀、防静电腐蚀等防护设计,对于强腐蚀环境中特别重要的工程应进行专项防护设计。

6.4.2 锚索防护措施应满足本规范5.4.2~5.4.4条规定。

6.5 锚索工程原材料要求

6.5.1 锚索材料可根据工程性质、工程规模、锚固部位等情况,选择高强度、低松弛的钢绞线、钢丝等材料,其力学性质应符合附录A中表A.3的规定。

6.5.2 锚索的锚具和连接器的性能与质量应符合《预应力筋用锚具、夹具和连接器》(GB/T 14370)的有关规定。

6.5.3 注浆材料性能要求应满足本规范5.5.3条的规定。

6.5.4 波形套管内径应大于锚索体直径4 mm,有隔离架的锚索套管内径应大于隔离架直径4 mm。

6.5.5 隔离架及定位环可采用钢材或硬质塑料制作。

6.5.6 承压钢垫板应采用Q235钢材制作,在超张拉预应力作用下其截面尺寸必须满足最大屈服强度要求,其性能和质量应符合《预应力筋用锚具、夹具和连接器》(GB/T 14370)的有关规定。

6.6 施工要求

6.6.1 锚索的施工要求除满足本规范5.6条的规定外,尚应满足以下规定:

a) 锚索应根据设计结构进行编制,采用编帘法或隔离架集束。锚索制作中钢绞线应一端对齐,排列平顺,不得扭结,绑扎牢固,绑扎间距宜为2.0 m。锚固段的注浆管应制作于锚索体内,靠近孔底的注浆管出口超过锚索端部距离不宜大于200 mm。

b) 锚索注浆压力宜为0.8 MPa~2.0 MPa,注浆流量宜为30 L/min~60 L/min,由下至上逐段注浆,注浆管须始终处于浆液面之下。在松散土层及破碎岩层中必要时可进行高压劈裂注浆。

6.6.2 在锚索锚固段的水泥浆或水泥砂浆强度达到设计值的80%后方可进行张拉。先对锚索进行单根张拉两次,以提高锚索各钢绞线的受力均匀度。

6.6.3 宜进行锚索设计预应力值1.05~1.20倍的超张拉。

7 锚杆(索)挡墙

7.1 一般规定

7.1.1 锚杆(索)挡墙按结构形式可分为板肋式锚杆(索)挡墙、格构式锚杆(索)挡墙和排桩式锚杆

（索）挡墙。

7.1.2 锚杆（索）挡墙适用于滑坡、崩塌、岩土质边坡治理工程以及既有工程加固，但应根据岩土体性质、地下水情况及斜坡高度、坡率等采用不同形式的锚杆（索）挡墙。对位移控制严格的地质灾害体、有外倾结构面且稳定性较差的岩质边坡、下滑力较大且滑床为基岩的滑坡宜采用预应力锚杆（索）挡墙。

7.1.3 土质边坡设置的锚杆（索）挡墙总高度不应大于 12.0 m，岩质边坡设置的锚杆（索）挡墙总高度不应大于 30.0 m，单级墙高宜控制在 10.0 m 以内，并在两级间设置不小于 2.0 m 宽的平台。

7.2 设计计算

7.2.1 设计荷载应包括地质灾害体下滑力、土压力、水压力、附加荷载、地震荷载、动荷载等。

7.2.2 设计荷载及计算：

a） 滑坡、滑移式崩塌受滑体的性质和厚度等因素影响，推力分布图可为矩形、梯形或三角形。

b） 单排锚杆的土层锚杆（索）挡墙及采用顺作法施工的锚杆（索）挡墙的侧向岩土压力，可近似按库仑理论取为三角形分布。

c） 对岩质以及坚硬、硬塑状黏性土和密实、中密砂土类灾害体，当采用逆作法施工柔性结构的多层锚杆（索）挡墙时，侧压力分布见图 3，图中 e_{ah}' 按公式（15）、公式（16）计算：

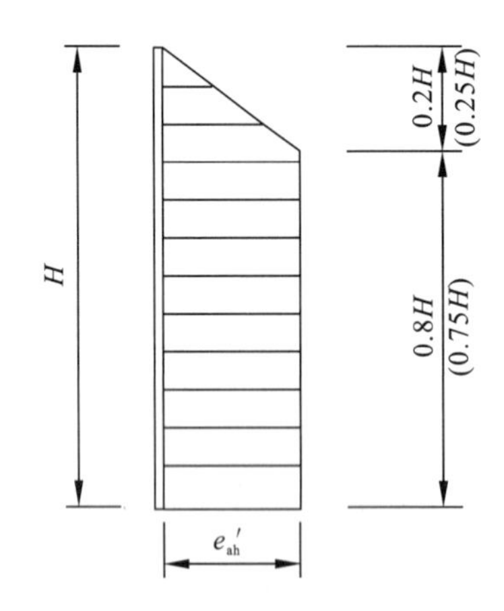

图 3 锚杆（索）挡墙侧压应力分布图

（扩号内数值适用于土质边坡）

对岩质边坡：

$$e_{ah}' = \frac{E_{ah}'}{0.9H} \quad \cdots\cdots (15)$$

对土质边坡：

$$e_{ah}' = \frac{E_{ah}'}{0.875H} \quad \cdots\cdots (16)$$

式中：

e_{ah}' ——侧向岩土水平压应力修正值（kN/m²）；

E_{ah}' ——侧向主动岩土压力合力水平分力修正值（kN/m）；

H——挡墙高度（m）。

侧向岩土压力合力修正值按公式（17）计算：

$$E_{ah}' = E_{ah}\beta_1 \quad (17)$$

式中：

E_{ah}——侧向主动岩土压力合力水平分力(kN/m)；

β_1——锚杆(索)挡墙侧向岩土压力修正系数，应根据岩土类别和锚杆(索)类型按表9确定。

表9 锚杆(索)挡墙侧向岩土压力修正系数 β_1

非预应力锚杆(索)		预应力锚杆(索)	
自由段为土层	自由段为岩层	自由段为土层	自由段为岩层
1.1～1.2	1.0	1.2～1.3	1.1

d) 肋柱的锚杆(索)拉力、弯矩和剪力，应根据锚杆(索)层数、柱底与基础的连接形式，按简支梁或连续梁计算。肋柱结构设计应符合《混凝土结构设计规范》(GB 50010)的有关规定。

e) 排桩在施工过程中为侧向受弯构件，结构计算及锚固要求与抗滑桩相同，桩身变形应与锚杆(索)变形相协调。

f) 当锚固点变形较小时，钢筋混凝土格构式锚杆(索)挡墙可简化为支撑在锚固点上的井字梁进行内力计算；当锚固点变形较大时，应考虑变形对格构式锚杆(索)挡墙内力的影响。

g) 根据挡土板与肋柱联结构造的不同，挡土板可简化为支撑在肋柱上的水平连续板、简支板或双铰拱板；设计荷载可取板所处位置的岩土压力值。岩质边坡锚杆(索)挡墙或坚硬、硬塑状黏性土和密实、中密砂土等且排水良好的挖方土质边坡锚杆(索)挡墙，可根据当地的工程经验考虑两肋柱间岩土形成的卸荷拱效应。

7.2.3 由支护结构、锚杆(索)和地层组成的锚杆(索)挡墙体系的整体稳定性验算方法可采用圆弧滑动法或折线滑动法。

7.3 构造要求

7.3.1 肋柱式锚杆(索)挡墙肋柱间距宜为2.0 m～3.0 m，板肋式锚杆(索)挡墙的肋柱间距宜采用2.0 m～6.0 m，格构式锚杆(索)挡墙的格构节点间距宜为3.0 m～5.0 m。

锚杆(索)上下排垂直间距、水平间距均不应小于2.0 m；锚杆(索)倾角宜采用10°～35°；第一排锚杆(索)锚固段上覆土层的厚度不宜小于4.0 m，上覆岩层的厚度不宜小于2.0 m；锚杆(索)布置应尽量与边坡走向垂直，并与结构面成较大角度相交；肋柱位于土层时宜在肋柱底部附近设置锚杆(索)。

7.3.2 锚杆(索)挡墙结构应符合下列规定：

a) 肋柱、墙面板及格构的混凝土强度等级不应低于C25，肋柱和格构截面尺寸除满足强度、刚度和抗裂要求外，还应满足面板的支座宽度、锚杆钻孔和锚固等要求。肋柱和格构截面宽度不宜小于250 mm，截面高度不宜小于300 mm。

b) 肋柱和格构的基础应置于稳定的地层内，可采用独立基础、条形基础或桩基础等形式，基础宜采用C25混凝土，各分级挡墙之间的平台，宜用C25混凝土封闭，其厚度宜为150 mm，并设2 %的横向向外排水坡。

c) 锚杆(索)挡墙现浇混凝土构件的伸缩缝间距宜为20 m～25 m，伸缩缝缝宽20 mm～30 mm，用沥青马蹄脂、沥青麻筋、沥青木板等填充。

d) 肋柱宜对称配筋，当第一锚点以上悬臂部分内力较大或桩顶预埋单锚时，可根据肋柱的内力包络图采用不对称配筋做法。

e) 锚杆(索)挡墙肋柱顶部宜设置钢筋混凝土构造联梁。

f) 锚杆与肋柱连接处应设置吊筋,以确保锚杆与肋柱的连接强度。

g) 墙身应设置倾向墙外且坡度不小于 4 %的泄水孔,泄水孔的间距宜为 2.0 m～5.0 m,墙背应设置反滤层(包)。墙背反滤层(包)宜采用透水性的砂砾、碎石,含泥量应小于 5 %,厚度不应小于 0.3 m。

7.4 施工要求

7.4.1 锚杆(索)挡墙的锚杆(索)施工要求应满足本规范 5.6 条和 6.6 条规定。

7.4.2 在浇筑混凝土肋柱或格构时,应清理干净锚杆孔口,确保锚杆孔内的浆体与混凝土的完全连接,以保证锚杆头部的保护层厚度。

7.4.3 锚杆(索)挡墙施工应遵循如下规定:

a) 在施工挡墙时应预埋 PVC 管,当钢筋与预留位置冲突时,调整钢筋间距保证锚杆(索)预留孔位准确;

b) 锚杆插入肋柱、格构内折弯长度不小于 35 d,且不小于 750 mm;

c) 钢筋和混凝土施工应符合《混凝土结构工程施工规范》(GB 50666)有关规定。

8 锚喷支护

8.1 一般规定

8.1.1 锚喷支护适用于岩土质边坡防护和对不稳定块体的局部加固。

8.1.2 岩质边坡整体稳定采用系统锚杆支护后,对局部不稳定块体尚应采用锚杆加强支护。

8.2 设计计算

8.2.1 岩石侧向压应力分布可按本规范 7.2.2 条的规定确定。

8.2.2 锚杆轴向拉力应按公式(18)计算:

$$N_{ak}' = \frac{e_{ah}' s_{xj} s_{yj}}{\cos\alpha} \qquad (18)$$

式中:

N_{ak}' ——相应于作用的标准组合时锚杆所受轴向拉力修正值(kN);

s_{xj}、s_{yj}——锚杆的水平和垂直间距(m);

α ——锚杆轴向与水平面的夹角(°)。

8.2.3 锚喷支护边坡时,锚杆计算应符合本规范 5.2.1～5.2.5 条规定。

8.2.4 采用局部锚杆加固不稳定岩石块体时,锚杆承载力应满足公式(19)的要求:

$$K_b(G_t - fG_n - cA) \leqslant \sum N_{akti} + f\sum N_{akni} \qquad (19)$$

式中:

G_t、G_n——分别为不稳定块体自重在平行和垂直于滑面方向的分力(kN);

f ——滑动面的摩擦系数;

c ——滑动面的黏聚力(kPa);

A ——滑动面面积(m^2);

N_{akti}、N_{akni}——单根锚杆轴向拉力在抗滑方向和垂直于滑动面方向的分力(kN)。

8.3 构造要求

8.3.1 锚杆布置宜采用行列式或菱形排列，锚杆间距宜为 1.5 m～3.0 m，且不应大于锚杆长度的 1/2。锚杆倾角宜为 10°～20°。应采用全长黏结型锚杆。

8.3.2 锚喷支护面板应符合下列规定：

a) 钢筋网间距宜为 100 mm～250 mm，钢筋直径宜为 6 mm～12 mm，钢筋保护层厚度不应小于 25 mm，对于单层钢筋网喷射混凝土面板厚度不应小于 100 mm，双层钢筋网喷射混凝土面板厚度不应小于 150 mm；

b) 锚杆钢筋与面板的连接可采用螺帽加垫板或简易弯钩锚头，简易弯钩应与面板中的附加构造钢筋焊接。

8.3.3 喷射混凝土强度等级，永久性工程不应低于 C25，防水要求较高的工程不应低于 C30，临时性工程不应低于 C20，喷射混凝土 1 d 龄期的抗压强度设计值不应小于 5 MPa。

8.3.4 喷射混凝土与岩面的黏结力，对整块状和块状岩体不应小于 0.8 MPa，对碎裂状岩体不应小于 0.4 MPa。喷射混凝土与岩面黏结力试验及喷射混凝土的物理力学参数应符合《岩土锚杆与喷射混凝土支护工程技术规范》(GB 50086)有关规定。

8.3.5 面板宜沿边坡纵向每隔 20 m～25 m 的长度分段设置竖向伸缩缝，伸缩缝缝宽 15 mm～20 mm，用沥青马蹄脂、沥青麻筋、沥青木板等填充。

8.3.6 应根据场地地形和水文地质条件，坡体设置倾向墙外且坡度不小于 4%的泄水孔，泄水孔间距宜为 2.0 m～4.0 m，嵌入岩石端应设置反滤包。

8.4 施工要求

8.4.1 锚喷支护的锚杆施工要求参照本规范 5.6 条执行。

8.4.2 干法喷射混凝土水灰比不宜大于 0.45，湿法喷射混凝土水灰比不宜大于 0.55，水泥与砂石质量比宜为 1∶4.5～1∶4，砂率宜为 50 %～60 %。

8.4.3 喷射混凝土采用的外加剂及掺入量应符合《混凝土外加剂应用技术规范》(GB 50119)的有关规定。

9 土钉墙

9.1 一般规定

9.1.1 土钉墙一般适用于有一定黏结性的杂填土、黏性土、粉土、黄土与弱胶结的砂土边坡；地下水位低于开挖面或经过降水使地下水位低于开挖高程的边坡；破碎软弱岩质边坡。

9.1.2 下列情况不应采用土钉墙：

a) 标准贯入击数小于 10 击的砂土边坡；

b) 液限 ω_L>50 %、塑性指数 I_P>20 的土质边坡；

c) 含水丰富的粉细砂层和砂卵石层；

d) 淤泥土、软塑和流塑状态的黏土；

e) 腐蚀性土，如煤渣、煤灰、炉渣、酸性矿物废料等。

9.1.3 土质边坡土钉墙总高度不应大于 10.0 m，岩质边坡土钉墙总高度不应大于 18.0 m。根据地形地质条件，边坡较高时宜设多级墙，多级墙上、下两级之间应设置平台，平台宽度不宜小于 2.0 m，每级墙高不宜大于 10.0 m。土钉墙墙面坡度宜为 1∶0.1～1∶0.5。

9.1.4 土钉的长度宜为墙高的 0.5 倍～1.2 倍，应按各层土钉受力均匀、各土钉拉力与相应土钉的极限承载力的比值近于相等的原则确定。

9.2 设计计算

9.2.1 作用于土钉墙上的荷载组合，应按重力式挡土墙的有关规定计算，考虑自重、岩土压力、水压力、地震荷载等。

9.2.2 土钉计算

9.2.2.1 对于土压力的分布计算，作用于土钉墙墙面板土压应力分布见图 4，应分别按公式(20)、公式(21)计算：

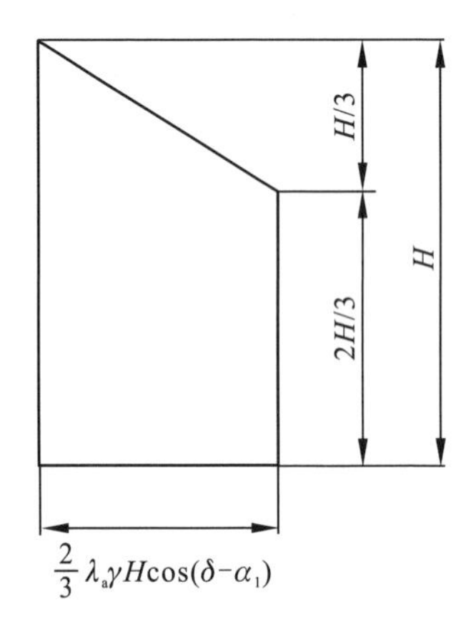

图 4 土压力分布图

$$\text{当 } h_i \leqslant \frac{1}{3}H \text{ 时，} \sigma_i = 2\lambda_a \gamma h_i \cos(\delta - \alpha_1) \quad \cdots\cdots (20)$$

$$\text{当 } h_i > \frac{1}{3}H \text{ 时，} \sigma_i = \frac{2}{3}\lambda_a \gamma H \cos(\delta - \alpha_1) \quad \cdots\cdots (21)$$

式中：

h_i ——墙顶距离第 i 层土钉的高度(m)；

σ_i ——水平土压应力(kPa)；

λ_a——库仑主动土压力系数；

γ ——边坡岩土体重度(kN/m^3)；

δ ——墙背摩擦角(°)；

α_1 ——墙背与竖直面间的夹角(°)。

9.2.2.2 土钉轴向拉力应按照公式(22)计算：

$$E_i = \frac{\sigma_i S_x S_y}{\cos\beta_j} \quad \cdots\cdots (22)$$

式中：

E_i ——第 i 层土钉的计算轴向拉力(kN)；

S_x、S_y ——土钉之间水平和垂直间距(m)；

β_j——土钉轴向与水平面的夹角(°)。

9.2.2.3 土钉锚固长度

土钉锚固区与非锚固区分界面(潜在破裂面)见图5，潜在破裂面与墙面的距离应按公式(23)、公式(24)计算：

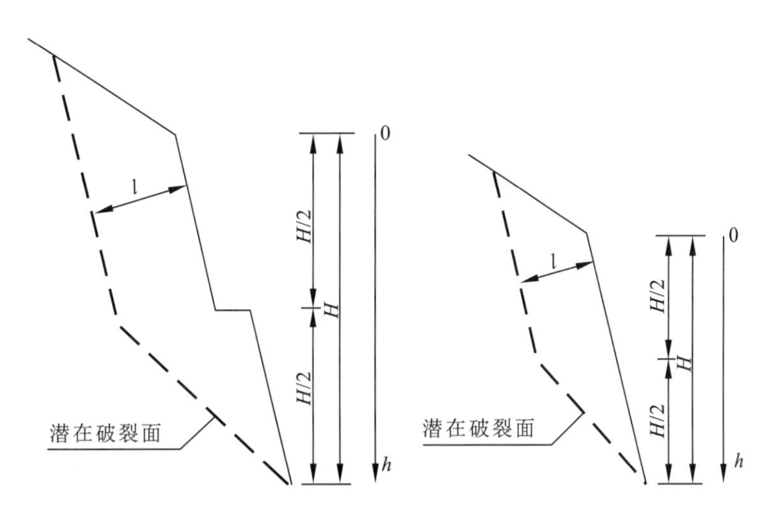

图5 土钉锚固区与非锚固区分界面

$$当\ h_i \leqslant \frac{1}{2}H\ 时，l=(0.3\sim0.5)H \quad \cdots\cdots (23)$$

$$当\ h_i > \frac{1}{2}H\ 时，l=(0.6\sim0.7)(H-h_i) \quad \cdots\cdots (24)$$

式中：

l ——潜在破裂面与墙面的距离(m)，当坡体渗水较严重或者岩体风化破碎严重、节理发育时取大值。

土钉长度应包括非锚固长度和有效锚固长度。非锚固长度应根据墙面与土钉潜在破裂面的实际距离确定，有效锚固长度应通过土钉墙内部稳定性检算确定。

9.2.3 土钉墙内部稳定性检算

9.2.3.1 土钉抗拉断检算应按公式(25)、公式(26)计算：

$$T_i=\frac{1}{4}\pi d_b^2 f_y \quad \cdots\cdots (25)$$

$$T_i \geqslant K_b E_i \quad \cdots\cdots (26)$$

式中：

T_i ——土钉抗拉力(kN)；

d_b ——土钉直径(m)。

9.2.3.2 土钉抗拔检算应按公式(27)～公式(29)计算：

$$F_{i1}=\pi d_h l_{ei} f_{rbk} \quad \cdots\cdots (27)$$

$$F_{i2}=\pi d_b l_{ei} f_b \quad \cdots\cdots (28)$$

$$F_i \geqslant K E_i \quad \cdots\cdots (29)$$

式中：

d_h——土钉钻孔直径(m)；

l_{ei}——第 i 根土钉有效锚固段长度(m)；

F_i——土钉抗拔力(kN)，取 F_{i1} 和 F_{i2} 中的小值。

9.2.3.3 土钉墙内部整体稳定检算应考虑施工过程中，每一层开挖完毕未设置土钉时施工阶段及施工完毕使用阶段两种情况，根据潜在破裂面应按公式(30)进行分条分块计算稳定系数：

$$K_0=\frac{\sum c_i l_i S_x+\sum W_i\cos\alpha_i\tan\varphi_i S_x+\sum_{i=1}^{n'}P_i\cos\beta_i+\sum_{i=1}^{n'}P_i\sin\beta_i\tan\varphi_i}{\sum W_i\sin\alpha_i S_x} \quad\cdots\cdots\cdots(30)$$

式中：

K_0——土钉墙施工阶段及使用阶段整体稳定系数，施工阶段 $K_0\geqslant1.3$，使用阶段 $K_0\geqslant1.5$；

c_i——岩土体的黏聚力(kPa)；

l_i——分条(块)的潜在破裂面长度(m)；

S_x——土钉水平间距(m)；

W_i——分条(块)重量(kN/m)；

α_i——土钉墙破裂面与水平面夹角(°)；

φ_i——岩土体的内摩擦角(°)；

n'——土钉排数；

P_i——土钉的抗拔能力，取 F_i 和 T_i 中的小值(kN)；

β_i——土钉轴线与破裂面的夹角(°)。

9.2.4 土钉墙外部稳定性检算

土钉墙墙后主动土压力根据破裂面平面假设，按库仑理论计算。外部稳定性检算的目的是保证在墙后土压力作用下，土钉墙整体的抗滑稳定性和抗倾覆稳定性。抗滑和抗倾覆稳定性检算方法与重力式挡土墙相同。对于土层中土钉墙还应采用圆弧法进行外部稳定性检算。

9.3 构造要求

9.3.1 土钉间距宜为 0.75 m～2.0 m，当土体抗剪强度较低、土质边坡较高时，土钉间距应取小值。土钉的倾角应根据土体性质和施工条件确定，一般宜为下倾 5°～20°。

9.3.2 土钉墙面板为喷射混凝土中间夹钢筋网时，土钉应与面板有效连接，土钉外端与钢垫板或加强钢筋应通过螺丝杆端锚具或焊接进行连接。

9.3.3 土钉应选用 HRB400 钢筋或更高牌号的钢筋，土钉钢筋直径宜为 16 mm～32 mm，钻孔直径宜为 70 mm～130 mm。土钉钢筋应设定位支架，土钉保护层厚度不应小于 25 mm。

9.3.4 土钉孔注浆体材料宜采用水泥浆或水泥砂浆，其强度等级不宜低于 M25。

9.3.5 喷射混凝土面板厚度宜为 100 mm～200 mm，喷射混凝土的强度等级不宜低于 C25。喷射混凝土面板应配置钢筋网，钢筋直径宜为 6 mm～12 mm，间距宜为 150 mm～300 mm，钢筋网搭接宜采用焊接。

9.3.6 面板应设泄水孔，泄水孔间距宜为 2.0 m～3.0 m，泄水孔后应设置反滤层(包)。边坡渗水严重时应设置仰斜 5°～10°的排水孔，孔内应设置透水管或凿孔的聚乙烯管，并充填粗砂。钢筋混凝土面板宜每隔 15 m～25 m 设置一道伸缩缝，伸缩缝宽度宜为 15 mm～20 mm，采用沥青木板、沥青麻筋等材料充填。

9.4 施工要求

9.4.1 土钉墙施工应分层开挖，采用逆作法施工，开挖高度土层宜为 0.5 m～2.0 m，岩层宜为 1.0 m～4.0 m。

9.4.2 在坡面喷射混凝土支护前，应进行清表作业，开挖后的坡率不宜陡于 1∶0.1。

9.4.3 喷射混凝土面板中的钢筋网铺设应符合下列规定：

a) 钢筋网应在喷射一层混凝土后铺设，钢筋保护层厚度不宜小于 20 mm；

b) 采用双层钢筋网时，第二层钢筋网应在第一层钢筋网被混凝土覆盖后铺设；

c) 钢筋网与土钉应连接牢固。

10 锚杆(索)试验

10.1 一般规定

10.1.1 锚杆(索)试验主要包括锚杆(索)的基本试验、验收试验。锚杆(索)蠕变试验应符合国家现行有关标准的规定。锚杆(索)试验应由有相关资质的独立第三方承担。

10.1.2 测力计的精度应在 2 %以内，其读数应考虑环境温度的变化等影响因素，在最大试验荷载时测力计的读数不应大于其最大量程的 75 %。

10.1.3 张拉系统在额定的出力范围内，应有能力将锚杆(索)张拉至最大试验荷载，且能在初始试验荷载和最大试验荷载之间的任一荷载上可靠稳压。

10.1.4 在最大试验荷载作用下，油压表的读数不应大于最大量程的 75 %，试验用油压表的精度不应低于 1.5 级。

10.1.5 锚杆(索)位移的量测应使用刻度为 0.01 mm 的百分表或位移传感器，用于位移量测的固定点应设置在不受施工影响的固定支座上。

10.1.6 锚杆(索)试验的加载装置额定能力不应小于最大试验荷载的 1.2 倍，需进行标定并能满足在所设定的时间内持荷稳定。

10.1.7 锚杆(索)试验的反力装置在计划的最大试验荷载下应具有足够的强度和刚度。

10.1.8 锚杆(索)试验的测力计、位移计等计量测试装置在试验前应经过标定合格。

10.1.9 锚杆(索)注浆体强度达到设计强度 100 %后方可进行试验。

10.2 锚杆(索)基本试验

10.2.1 基本试验锚杆(索)所使用的材料、结构类型和施工工艺应与工作锚杆(索)相同，试验应在工作锚杆(索)区域内的不同地层中进行，每种地层试验数量不少于 3 根。

10.2.2 基本试验时最大试验荷载不应大于钢绞线抗拉强度标准值的 80 %，钢筋不大于其屈服强度标准值的 90 %。

10.2.3 基本试验主要目的是确定注浆体与岩土体间的极限黏结强度标准值、锚杆(索)设计参数和施工工艺。应符合下列规定：

a) 当进行确定注浆体与岩土体间极限黏结强度标准值试验时，为使注浆体与地层间首先破坏，当锚固段长度取设计锚固段长度时应增加锚杆(索)材料用量，或采用设计锚杆(索)时应减短锚固长度，试验锚杆(索)的锚固长度对硬质岩取设计锚固段长度的 40 %且不小于

2.0 m,对软质岩或土层取设计锚固长度的 60 %,且不小于 4.0 m;

b) 当进行确定锚固段变形参数和应力分布的试验时,锚固段长度应取设计锚固段长度。

10.2.4 试验中的加荷速率宜为 50 kN/min～100 kN/min;卸荷速率宜为 100 kN/min～200 kN/min。

10.2.5 锚杆(索)基本试验应采用循环加、卸荷法。试验荷载详见附录 C。

10.2.6 荷载分散型锚杆(索)基本试验的荷载施加方式应符合下列规定:

a) 宜采用并联千斤顶组,按等荷载方式加荷、持荷与卸荷;

b) 当不具备上述条件时,可按锚杆(索)锚固段前端至底端的顺序对各单元锚杆逐一进行多循环张拉试验。

10.2.7 锚杆(索)基本试验出现下列情况之一时,应判定锚杆(索)破坏,终止加载:

a) 在规定的持荷时间内锚杆(索)或单元锚杆(索)位移增量大于 2.0 mm;

b) 锚杆(索)杆体破坏。

10.2.8 锚杆(索)极限承载力标准值取破坏荷载前一级的荷载值。当每根锚杆(索)极限承载力值的最大差值小于 30 %时,取最小值作为极限承载力标准值。若最大差值超过 30 %,应增加试验数量,按 95 %的保证概率计算极限承载力标准值。

10.2.9 在最大试验荷载作用下未达到破坏标准时,极限承载力取最大荷载值为标准值。

10.3 锚杆(索)验收试验

10.3.1 锚杆(索)验收一般采用承载力抗拔试验,对于重要工程尚宜进行锚固深度无损检测,目的是检验施工质量是否达到设计要求。

10.3.2 验收试验的锚杆(索)数量不少于工程锚杆(索)总量的 5 %,且不应少于 5 根。

10.3.3 永久锚杆(索)的最大试验荷载应为设计拉力的 1.5 倍,临时锚杆(索)的最大试验荷载应为设计拉力的 1.2 倍。

10.3.4 验收试验采用不循环逐级加载方式。前三级荷载可按设计拉力的 20 %施加,以后每级按 10 %施加,并在每级测读锚杆(索)位移不少于两次,两次记录间隔时间不少于 1 min。达到最大试验荷载后在 10 min 持荷时间内锚索位移量应小于 1.0 mm。当不能满足时持荷至 60 min 时,锚索位移量应小于 2.0 mm。卸荷到设计拉力的 10 %并测出锚索位移。

10.3.5 验收试验完成后应绘制锚杆(索)荷载-位移曲线图。

10.3.6 加载到最大试验荷载后符合以下标准应评定为合格,对于重要工程,宜结合锚固深度无损检测结果综合评定:

a) 拉力型锚杆(索)或拉力分散型锚杆(索)的单元杆(索)体在最大试验荷载作用下,所测得的弹性位移应大于锚杆(索)自由段长度理论弹性伸长值的 90 %,且应小于自由段长度与 1/3 锚固段之和的理论弹性伸长值;

b) 压力型锚杆(索)或压力分散型锚杆(索)的单元杆(索)体在最大试验荷载作用下所测得的弹性位移应大于锚杆(索)自由段理论弹性伸长值的 90 %,且应小于锚杆(索)自由段长度理论弹性伸长值的 110 %。

10.3.7 当验收锚杆(索)不合格时,应按锚杆(索)总数的 30 %重新抽检,重新抽检有锚杆(索)不合格时应全数进行检验。

11 锚杆(索)监测

11.1.1 锚固工程应进行监测,宜采用自动化方式进行。

11.1.2　应对锚杆(索)的荷载变化情况进行观测,测力计和读数仪器应经过有资质的计量单位率定,测力计的精度和长期工作的稳定性应满足需要。

11.1.3　测力计应安装在变形较大、结构荷载变化敏感和有代表性的部位,永久性加固工程测点数量不应少于锚杆(索)总量的 5 %,临时性加固工程测点数量不应少于锚杆(索)总量的 3 %,测点总数不应少于 3 个。

11.1.4　锚杆(索)安装测力计后 7d 内观测频率应为 1 次/d,7d～30d 内观测频率应为 1 次/7d,此后观测频率可根据观测情况确定,但不应少于 1 次/月,受到较强降雨、地震、爆破和其他外界因素影响或监测数据异常时,应增加观测频率。

11.1.5　应将观测数据绘制成荷载-时间曲线,并对锚杆(索)的荷载变化情况进行分析,当荷载出现异常时应查明原因并采取相应补救措施。

11.1.6　永久性锚固工程竣工后的监测周期不宜少于 2 个水文年,特殊的永久性锚固工程竣工后可长期监测。

12　设计成果

设计成果根据各灾害体项目构成情况进行确定,作为锚固单体工程,其成果包含内容可按表 10 要求组成,成果书写格式应符合各灾害体设计规范的要求。

表 10　设计成果组成

项目	阶段		
	可行性方案设计	初步设计	施工图设计
分项设计说明	△	△	△
分项施工注意事项	○	△	△
平面布置图	△	△	△
剖面图	△	△	△
立面图	△	△	△
结构详图	○	○	△
监测布置图	△	△	△
施工组织布置图	△	△	△
结构计算书	△	△	△
估算、概算、预算	估算表	概算书	预算书

注:表中符号△为应包含,○为可包含。

附　录　A
(规范性附录)
钢筋及钢绞线力学性能参数

表 A.1　普通螺纹钢筋抗拉强度设计值、标准值

牌号		直径/mm	抗拉强度设计值(f_y)/(N·mm^{-2})	屈服强度标准值(f_{yk})/(N·mm^{-2})	极限强度标准值(f_{stk})/(N·mm^{-2})
热轧钢筋	HRB400 HRBF400 RRB400	6～50	360	400	540
	HRB500 HRBF500	6～50	435	500	630

表 A.2　预应力螺纹钢筋抗拉强度设计值、标准值

种类	直径/mm	符号	抗拉强度设计值(f_{py})/(N·mm^{-2})	屈服强度标准值(f_{pyk})/(N·mm^{-2})	极限强度标准值(f_{ptk})/(N·mm^{-2})
预应力螺纹钢筋	18、25、32、40、50	Φ^T	650	785	980
			770	930	1 080
			900	1 080	1 230

表 A.3　钢绞线抗拉强度设计值、标准值

种类	直径/mm	抗拉强度设计值(f_{py})/(N·mm^{-2})	极限强度标准值(f_{ptk})/(N·mm^{-2})
1×3 三股	8.6、10.8、12.9	1 110	1 570
		1 320	1 860
		1 390	1 960
1×7 七股	9.5、12.7、15.2、17.8	1 220	1 720
		1 320	1 860
		1 390	1 960
	21.6	1 320	1 860

附 录 B
（规范性附录）
锚索设计参数

表 B.1 锚索设计参数

单位：mm

束数	公称直径 d_s	ϕ12.7 mm 型		ϕ15.2 mm 型	
		直径 d_s	周长 ν	直径 d_s	周长 ν
3	$(d\pi+3d)/\pi$	24.8	77.9	30.0	94.2
4	$(d\pi+4d)/\pi$	28.9	90.8	34.6	108.6
5	$(d\pi+5d)/\pi$	32.9	103.4	39.4	123.8
6	$(d\pi+6d)/\pi$	37.0	116.2	44.2	138.9
7	$(d\pi+7d)/\pi$	37.0	116.2	44.2	138.9
9	$(d\pi+8d)/\pi$	45.0	141.4	53.9	169.3
12	$(d\pi+9d)/\pi$	49.1	154.3	58.7	184.4

附　录　C
（规范性附录）
锚杆（索）基本试验

C.1　锚杆（索）基本试验应采用多循环张拉方式，其加荷、持荷和卸荷模式见图 C.1，起始荷载宜为最大试验荷载 T_p 的 0.1 倍，各级持荷时间宜为 10 min。

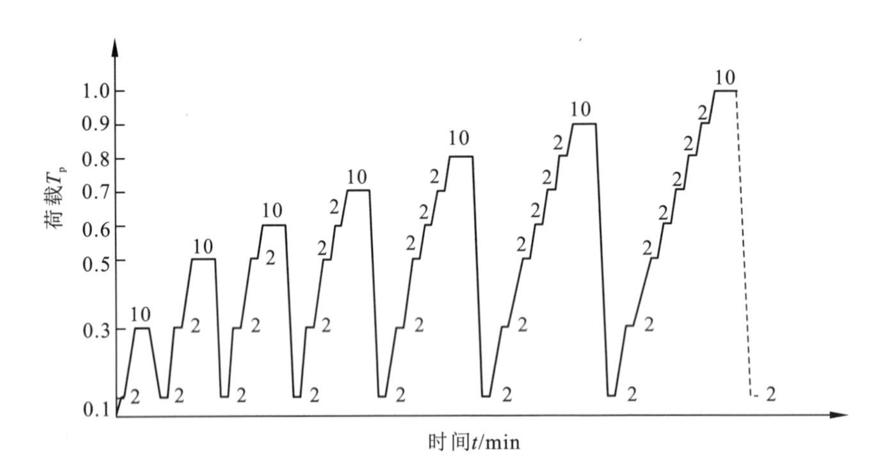

图 C.1　锚杆（索）基本试验加荷模式

C.2　锚杆（索）基本试验结果应整理绘制荷载-位移、荷载-弹性位移、荷载-塑性位移曲线图，见图 C.2。

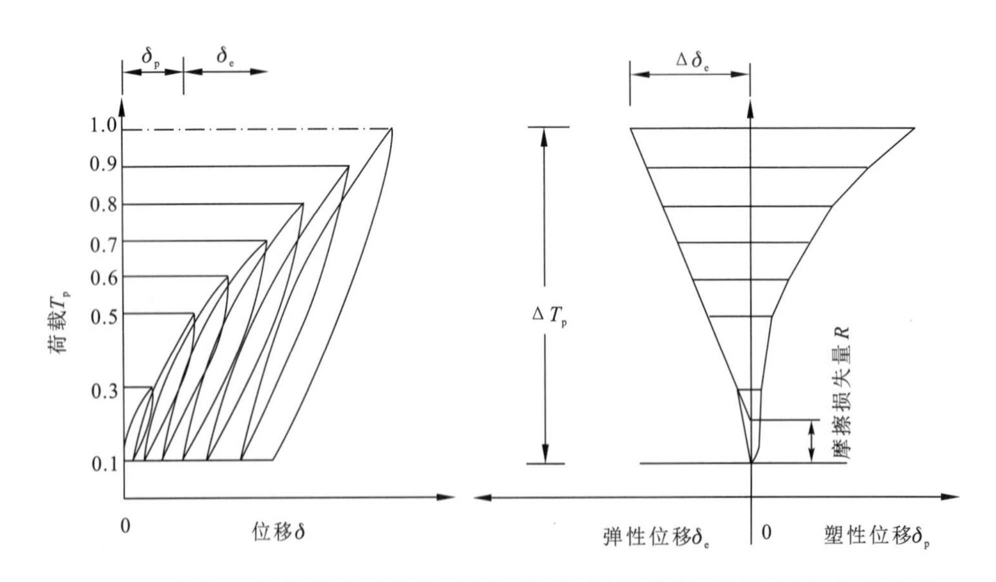

图 C.2　锚杆（索）基本试验荷载-位移、荷载-弹性位移、荷载-塑性位移曲线

中国地质灾害防治工程行业协会团体标准

地质灾害治理锚固工程设计规范(试行)

T/CAGHP 073—2020

条 文 说 明

目　次

4 基本规定

4.1 一般规定

4.1.3 工程设计使用年限指锚固工程的支护结构能发挥正常支护功能的年限，当支护工程影响范围内有受保护的建（构）筑物，支护结构的设计使用年限不应低于建（构）筑物的正常使用年限。临时锚固工程设计使用年限为2年。

4.1.5 对本条规定的特殊性岩土及侵蚀性环境的地质灾害体，有条件时应通过试验确定相关设计参数，对重要工程应进行专门技术论证。

4.1.6 采用动态设计时应提出对施工方案的特殊要求和监测要求，掌握施工现场的地质条件、施工情况和变形、应力监测的反馈信息，可以达到以下效果：①避免勘查结论失误；②根据施工中反馈的真实信息，及时对原设计作校核和补充以完善设计，确保设计合理；③根据监测进行信息化施工，确保施工安全；④积累工程经验，促进锚固工程技术进步。

4.2 防治工程等级

各地质灾害体设计规范对防治工程等级的划分标准不完全一致，本规范所采用的防治工程等级应与各地质灾害类型的防治工程设计规范所划分的等级一致。

4.3 设计原则

4.3.1 崩塌、滑坡等各类地质灾害体或工程边坡的防治等级、荷载取值及对应的安全系数等参数存在差异，锚固工程应根据治理工程所属的地质灾害类型及其防治等级选取对应的参数。

4.3.2～4.3.6 锚杆（索）设计采用安全系数法。确定锚杆（索）面积、锚杆（索）杆体与注浆体的锚固长度时，采用荷载效应标准组合；计算支护结构或构件内力及配筋时，应采用混凝土结构相应的设计方法，荷载效应采用基本组合，抗力采用包含抗力分项系数的设计值；地基沉降验算时，仅考虑荷载的长期组合，不考虑偶然荷载的作用；支护结构抗裂计算与钢筋混凝土结构裂缝计算一致，采用荷载效应标准组合和荷载准永久组合。

5 锚杆

5.1 一般规定

5.1.1 拉力型锚杆锚固段注浆体受拉，浆体易开裂，防腐性能差，但易于施工；压力型锚杆锚固段注浆体受压，浆体不易开裂，防腐性能好，承载力高，但成本和技术要求高。

5.1.2 锚杆选型应综合考虑工程要求、岩土性质、锚杆承载力、锚杆材料和长度以及施工工艺等，具体可参照说明表1进行。

说明表 1 锚杆选型

锚杆类型	材料	锚杆轴向拉力 N_{ak}/kN	锚杆长度 /m	应力状况	备注
土层锚杆	普通螺纹钢筋	＜300	＜16	非预应力	锚杆超长时,施工安装难度较大
	钢绞线高强钢丝	300～800	＞10	预应力	锚杆超长时施工方便
	预应力螺纹钢筋(直径 18 mm～25 mm)	300～800	＞10	预应力	杆体防腐性好,施工安装方便
	无黏结钢绞线	300～800	＞10	预应力	压力型、压力分散型锚杆
岩层锚杆	普通螺纹钢筋	＜300	＜16	非预应力	锚杆超长时,施工安装难度较大
	钢绞线高强钢丝	300～3 000	＞10	预应力	锚杆超长时施工方便
	预应力螺纹钢筋(直径 25 mm～32 mm)	300～1 100	＞10	预应力或非预应力	杆体防腐性好,施工安装方便
	无黏结钢绞线	300～3 000	＞10	预应力	压力型、压力分散型锚杆

5.1.4 永久(多年)冻土强度高,可提供较大锚固力,可采用锚固结构。冻土地层锚固设计,应考虑低温对注浆强度和混凝土强度的影响,季节性冻土不宜采用锚固结构。冻土中锚固施工应尽量降低对冻土环境的影响,采取措施维持或提高冻土层的黏结强度。

黄土按时代成因可分为 Qp_1、Qp_2、Qp_3。Qp_1 和 Qp_2 土体密实,强度较高,可提供一定的锚固力,适用锚固结构;Qp_3 则比较松散,孔隙大,强度低,具湿陷性,可提供锚固力低,不宜采用锚固结构。干重度小于 13 kN/m^3 的黄土不宜采用锚固结构。黄土地层中锚固段不能置于含水地段,含水量增大使锚固力急剧降低,饱和条件下锚固力可能完全丧失。黄土地层中的锚孔应采用干钻,成孔后利用空压机清孔,遇塌孔可带护壁套管钻进,不宜采用泥浆护壁。

膨胀土遇水易软化,强度降低,应优先采取合理有效排水措施,保证锚固段土体不饱水前提下,可适量采用锚固结构。在地下水含量较高,且无长久有效排水措施时,膨胀土地层不宜采用锚固结构,宜采用二次劈裂注浆工艺及压力分散型等结构,提高锚固段强度。在采用预应力锚固结构时,应考虑膨胀土土体表面承载力较低情况,反力框架或其他反力结构截面要适当增大,避免因承载力不足,反力结构下陷造成预应力损失。膨胀土地层边坡设计坡率一般较缓,但是采用预应力锚固结构时,坡率不宜缓于 1∶1.5,防止张拉时反力框架等结构上爬造成预应力损失。

煤系等腐蚀性环境地层对锚固结构耐久性影响较大,设计前应首先进行水文地质试验,掌握地层环境的腐蚀程度和特点,便于采取措施进行防范。锚固结构应采用防腐型结构,材料采用防腐蚀筋材、抗腐蚀水泥,并加大钻孔孔径、增加锚杆保护层厚度。锚头作为受力集中位置,应采用专项防腐涂层工艺,锚头部位二次注浆宜采用全封闭注浆工艺进行保护。煤系地层长期遇水强度降低,宜采用二次劈裂注浆工艺以及压力分散型结构,提高锚固段强度。

5.1.5 当地质灾害体范围内及附近有重要建(构)筑物时,一般不允许支护结构发生较大变形,此时采用预应力锚杆能有效控制支护结构及边坡的变形,有利于建(构)筑物的安全。对施工期稳定性较差的边坡,采用预应力锚杆减少变形同时增加边坡滑裂面上的正应力及阻滑力,有利于边坡稳定。

5.2 设计计算

5.2.1～5.2.4 锚杆设计宜先按公式(3)～公式(4)计算所用锚杆钢筋的截面面积，然后再用选定的锚孔孔径与锚杆钢筋直径按公式(6)、公式(7)确定锚固长度 l_a；锚杆杆体与注浆体材料之间的锚固力一般高于注浆体与土层间的锚固力，因此土层锚杆锚固长度计算结果一般由公式(6)控制；极软岩和软质岩中的锚固破坏一般发生于注浆体与岩体间，硬质岩中的锚固破坏可发生在锚杆杆体与锚固材料之间，因此岩石锚杆锚固段长度应分别按公式(6)、公式(7)计算，取其中大值；表4、表5主要根据重庆及国内其他地方的工程经验，参考《建筑边坡工程技术规范》(GB 50330)的规定并结合国外有关标准而制定。

5.3 构造要求

5.3.2 为保证锚固段进入稳定的地层中，锚杆自由段长度应超过潜在滑面不小于1.5 m，且对于预应力锚杆而言，为保证足够的弹性变形量，避免因锚头松动等情况造成过大的应力损失，需要限定锚杆的最小自由段长度。

5.3.3 大量的试验结果和工程实践表明，注浆体与地层或注浆体与杆体间的黏结应力沿杆体长度分布是很不均匀的，随着作用于锚杆上荷载的增加，荷载逐步向锚杆底端传递过程中，沿锚杆锚固段的黏结作用将发生渐进性破坏，锚杆的抗拔力不可能随锚固段的增长而成比例地增加，甚至当锚固段超过一定长度后，抗拔力增加甚微或不再增加。

5.3.7 锚杆倾角小于10°后，受注浆料的泌水和硬化时产生的残余浆渣会影响锚杆外端灌浆饱满度和锚杆承载力，因此建议倾角一般不小于10°。由于锚杆水平抗拉力与倾角余弦值成正比，倾角过大时锚杆有效水平拉力下降过多，同时对锚肋作用较大的垂直分力，该垂直分力在锚肋基础设计时不能忽略，同时对施工期锚杆挡墙的竖向稳定性不利，因此锚杆倾角宜为10°～35°。

5.4 锚杆的防护要求

5.4.1～5.4.3 地质灾害锚固治理工程中锚杆结构的使用寿命取决于锚杆的耐久性，不同工作环境锚杆防腐和防护标准也不同。发达国家的岩土锚固规范对防腐规定十分完备，其主要特点归纳如下：首先应对地层的侵蚀性进行检测，并确定其侵蚀性级别；其次根据地层的侵蚀性确定锚固工程的防腐级别和方法，如防护灌浆材料和锚筋材料的要求等；最后要求锚杆在各种复杂环境下不发生腐蚀破坏，而且锚杆的防护体在施工过程中不能被损坏，同时还要求锚杆的注浆体在受力与变形过程中其防护体不能被损坏。

5.5 锚杆工程原材料要求

5.5.2 中空注浆锚杆由表面带有标准连接螺纹的中空杆体、止浆塞、垫板和螺母组成。施工时采用先插杆后注浆工艺，浆液从中空杆体的孔腔中由内向外流动，当浆液由锚杆底端流向孔口时，止浆塞与垫板能够有效阻止浆液外溢，保证杆体与孔壁间的灌浆饱满，使锚杆伸入范围内的岩土体得到有效加固。中空注浆锚杆利用中空杆体注浆，能够适应软弱岩土体、断层破碎带等不良地层，避免普通砂浆锚杆钻进塌孔等问题。

5.5.3 水泥浆或水泥砂浆不仅具有良好的胶结性能，而且对锚杆有较好的防护性能，为了保证胶结材料发挥最佳的锚固效果，胶结材料强度应根据岩土体条件确定。岩体较完整、强度较高时，可选择高强度等级的水泥砂浆；岩体较破碎、强度低或为土体时，水泥砂浆强度等级不宜过高。锚固段注浆体既要保证其强度和岩体条件相适应，又要保证注浆密实。在水泥砂浆配比中加入适量减水剂、膨胀剂，有助于提高其强度和密实性。

5.6 施工要求

5.6.3 水泥浆或水泥砂浆的配合比直接影响浆体强度、密实性和注浆作业的顺利进行。水灰比太小，可注性差，易堵管，常影响注浆作业的正常进行；水灰比太大，浆液易离析，注浆体密实度不易保证，硬化过程中易收缩，浆体强度损失较大，常影响锚固效果。

6 锚索

6.1 一般规定

6.1.1 永久性拉力型锚索结构见说明图1，永久性拉力分散型锚索结构见说明图2，永久性压力分散型锚索结构见说明图3。拉力型锚索锚固段注浆体受拉，浆体易开裂，防腐性能差，但易于施工；压力型锚索锚固段注浆体受压，浆体不易开裂，防腐性能好，承载力高。

锚索体采用钢绞线或钢丝束时，对于极软岩、风化岩及处于腐蚀性地层，采用压力分散型锚索可避免锚固段应力集中，降低对岩层的承载力要求。

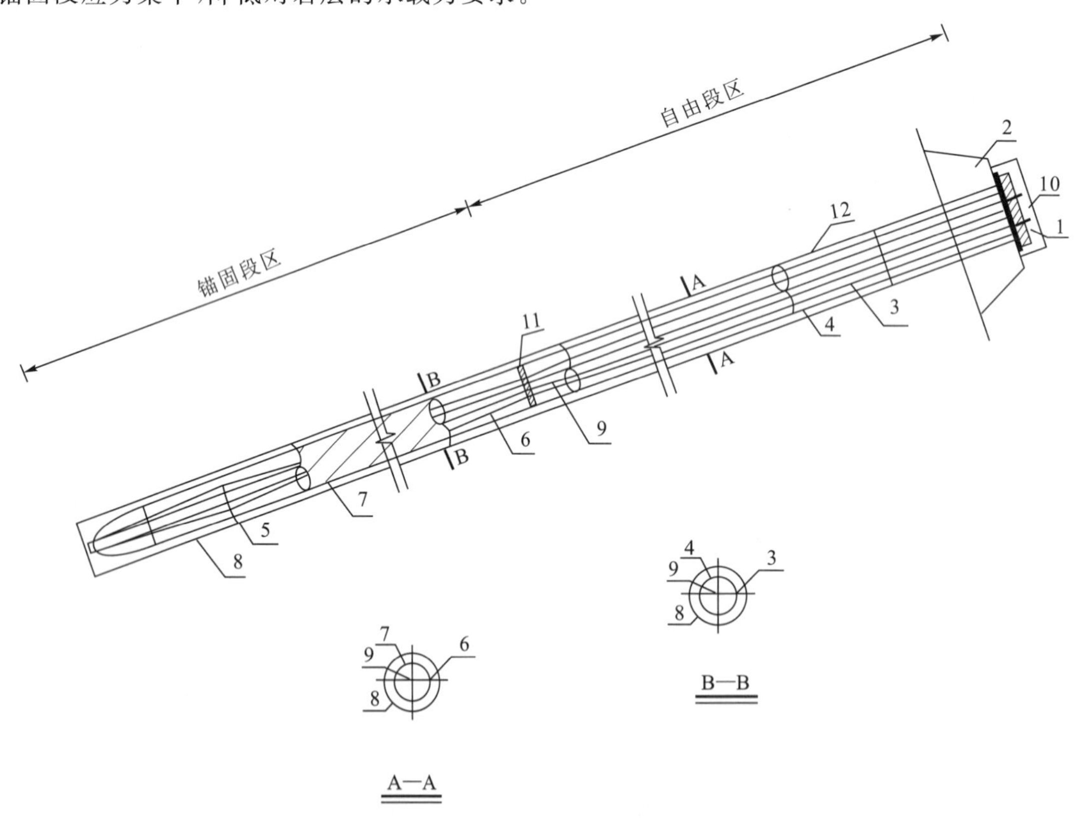

说明图1 永久性拉力型锚索结构图

1. 锚具；2. 锚墩；3. 无黏结钢绞线；4. 光滑套管；5. 隔离架；6. 钢绞线；7. 波形套管；8. 钻孔；9. 注浆管；10. 锚头；11. 套管与波形管搭接处（搭接长度不小于200 m）；12. 过渡管

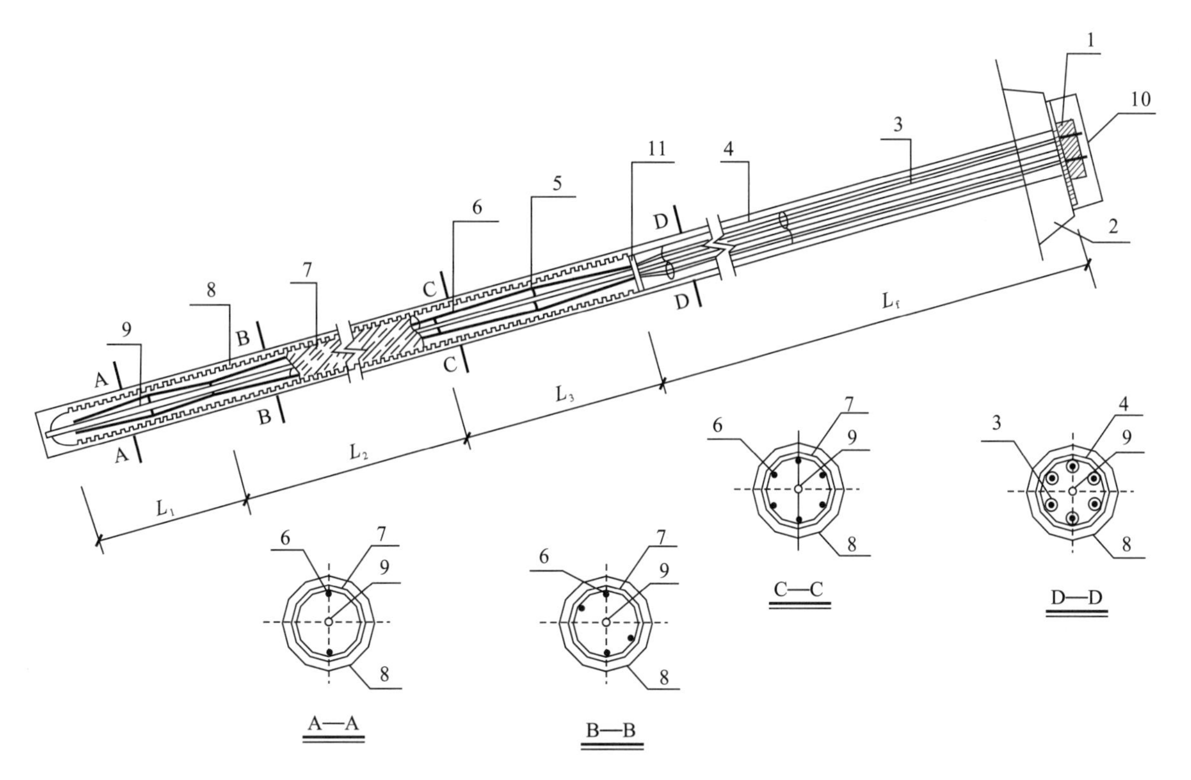

说明图 2　永久性拉力分散型锚索结构图

1. 锚具;2. 锚墩;3. 涂塑钢绞线;4. 光滑套管;5. 隔离架;6. 无包裹钢绞线;7. 波形套管;8. 钻孔壁;9. 注浆管;10. 保护罩;11. 光滑套管与波形套管搭接处;L_1、L_2、L_3. 1、2、3 单元锚杆的锚固段长度;L_f. 3 个单元的自由段长度

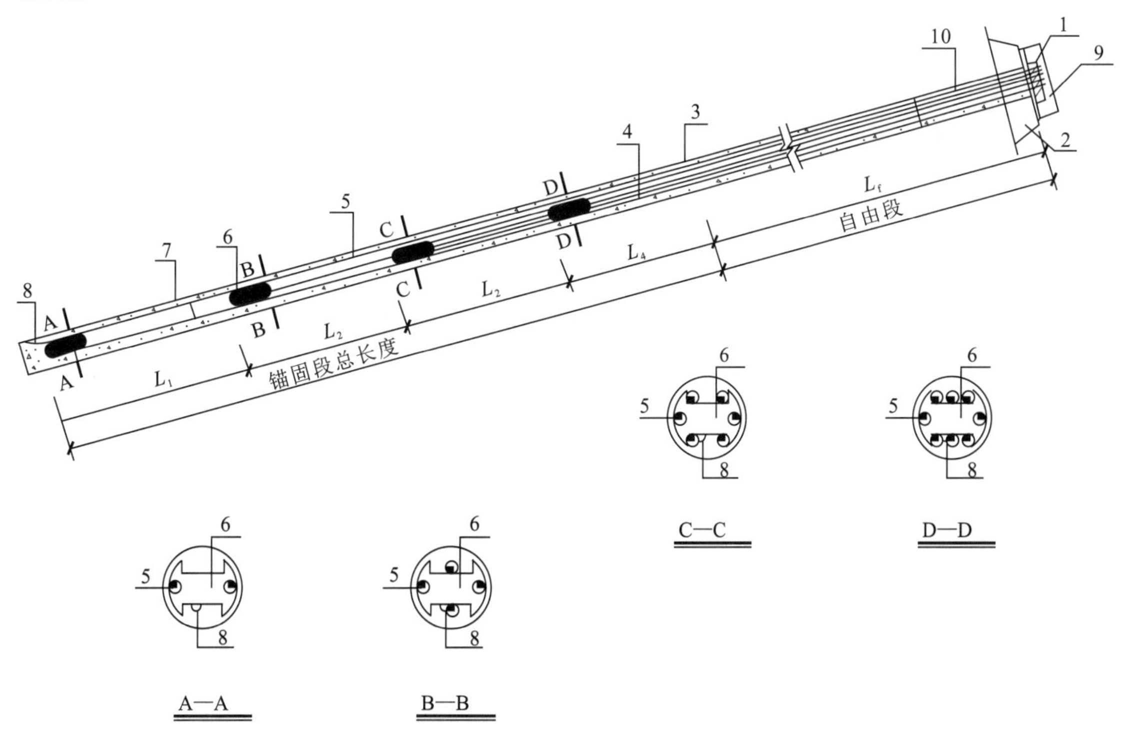

说明图 3　永久性压力分散型锚索结构图

1. 锚具;2. 锚墩;3. 钻孔壁;4. 对中支架;5. 无黏结钢绞线;6. 承载体;7. 注浆体;8. 注浆管;9. 锚头;10. 过渡管;L_1、L_2、L_3、L_4. 1、2、3、4 单元锚杆的锚固段长度;L_f. 4 个单元的自由段长度

6.3 构造要求

6.3.1 外锚头在锚索荷载作用下，受力集中且复杂，设计时要注意外锚头及其部件的承载能力须与锚索最大荷载相匹配，工作锚具要有可靠的锚固性能、耐久性能和可重复使用性能，以保持锚固力。承压钢垫板和垫墩的承力面应垂直于锚索孔轴线。

6.3.5 锚索隔离架的作用主要是使锚固段的各根钢绞线相互分离，并使锚索束体居中，隔离架应在保证有效工作的同时，确保注浆体能顺利通过。

6.4 锚索的防护要求

6.4.1 地质灾害治理工程中的锚固结构使用寿命和长期承载能力取决于锚固加固结构的耐久性和抗腐蚀性。自然界中钢材产生腐蚀的现象随处可见，杆体材料为金属材料，它虽然具有强度高、刚度大等特点，但易于生锈腐蚀是其一个重要的缺点。预应力锚固系统的腐蚀类型主要有化学腐蚀、电化学腐蚀和应力腐蚀。杆体材料腐蚀破坏的共同特征是腐蚀引起杆体材料断面的减少，降低承载能力，或是造成断面应力增大及应力集中腐蚀产生的锈坑使杆体材料突然破坏的可能性增大，而当预应力杆体材料处于高拉应力状态，具备应力腐蚀发生的条件，再加之应力腐蚀脆性断裂具有突然性，是一种极其危险的破坏形式，是影响预应力锚固系统寿命和长期稳定性的关键问题。

6.4.2 由于锚索工作环境复杂多变，不同成因、不同成分的地层或地下水对预应力筋的侵蚀存在较大差异，因此在制定防护对策时首先要检测环境中地层、地下水的腐蚀性，然后根据腐蚀性和工程的重要性确定锚索的防腐等级，进而制定防护方案。关于腐蚀性等级的评定标准，国际预应力协会（FIP）对锚索腐蚀提出了建议。

根据锚固区域环境对锚索钢材和胶结材料的腐蚀程度不同，分为微腐蚀、弱腐蚀、中等腐蚀和强腐蚀，腐蚀程度可以参照有关规范判别。

锚索的防护设计方案应满足以下基本要求：

a） 应按锚索的使用年限、锚索所处环境的腐蚀程度及锚索破坏后果等因素确定防护类型和等级标准；

b） 锚索防护的有效期应当大于或等于锚索的有效期；

c） 锚索的防护设施必须具有足够的强度和韧性，在锚索承载时不能被破坏；

d） 锚索及其防护系统在制作、运输、安装过程中不应受到损坏；

e） 用作防护系统的材料工作温度范围内应保持不开裂、不变脆或不成为流体，具有化学稳定性，保持抗渗性。

6.5 锚索工程原材料要求

6.5.1 钢绞线和预应力钢丝非常重要，它提供必要的预应力来平衡外部荷载对结构产生的作用。在岩土锚固结构体系中，预应力钢丝一般处于高应力条件下，它的性能（如断裂性能、延伸率、腐蚀性能等）对岩土预应力锚固结构的安全性和耐久性有着显著的影响，其材料性能应满足《预应力混凝土用钢丝》（GB/T 5223）、《预应力混凝土用钢绞线》（GB/T 5224）的有关规定。

作为预应力结构中张力源的高强预应力钢材主要指极限强度标准值在 1 470 MPa 以上的预应力钢丝、预应力钢绞线、热处理钢筋及 PC 钢棒，其中预应力钢丝和钢绞线应用最广。预应力钢丝是用优质碳素结构钢的索氏体化盘条经拉拔而得，而钢绞线是由多根预应力钢丝呈螺旋状围绕而成的 1×3、1×7 结构钢绞线。近年来，国内外在发展 1×19 等结构的高强钢绞线。

预应力结构对高强预应力钢材的要求应满足：

a） 有足够的抗拉强度；

b） 好的抗疲劳与抗应力腐蚀能力；

c） 能适应不同的预应力体系；

d） 有较低的应力松弛性能。

无黏结预应力筋涂料层应采用专业防腐油脂，其性能应满足以下要求：

a） 在－20 ℃～70 ℃温度范围内，不流淌、不开裂变脆并有一定韧性；

b） 使用期内化学性能稳定；

c） 对周围材料无侵蚀作用；

d） 不透水、不吸湿，防水性能好；

e） 防腐性能好；

f） 润滑性能好，摩阻力小。

无黏结预应力筋外包层应采用聚乙烯或聚丙烯，严禁使用聚氯乙烯。外包层材料性能应符合以下要求：

a） 在－20 ℃～70 ℃温度范围内，低温不脆化，高温化学稳定性好；

b） 应具有足够的韧性、抗破损性；

c） 对周围材料无侵蚀作用；

d） 防水性能好。

6.5.4 套管宜采用缩节管连接，应确保接头严密。金属管、高密度聚乙烯波纹管如采用焊接时，必须严格控制焊缝质量。岩锚高密度聚乙烯波纹管防护套管，应具有化学稳定性和耐久性，应能承受施工外力冲击和摩擦损伤。

7 锚杆(索)挡墙

7.1 一般规定

7.1.1 根据地形、地质特征和附近荷载等情况，各类锚杆(索)挡墙特点和适用性如下：

a） 板肋式锚杆(索)挡墙适用于挖方地段，当土方开挖后边坡稳定性较差时应采用逆作法施工。

b） 格构式锚杆(索)挡墙墙面垂直型适用于稳定性、整体性较好的硬质岩石边坡，构架内岩面可加钢筋网并喷射混凝土作支挡或封面处理；墙面后仰型可用于各类岩石边坡和稳定性较好的土质边坡，构架内墙面根据稳定性可作封面、绿化处理。

c） 排桩式锚杆(索)挡墙适用于边坡稳定性很差、坡顶附近有建(构)筑物等附加荷载地段的边坡。当采用现浇钢筋混凝土板肋式锚杆(索)挡墙，还不能确保施工期的坡体稳定时宜采用本方案。排桩可采用人工挖孔桩、钻孔桩或型钢。排桩施工完后用逆作法施工锚杆及钢筋混凝土挡板或拱板。

7.1.3 本条规定了锚杆(索)挡墙的总高度，当超过本条规定时，应进行专项设计。

7.2 设计计算

7.2.2 当滑体为砾石类土或块石类土时，下滑力可采用三角形分布；当滑体为黏性土或岩石时，可采用矩形分布；介于两者之间时，可采用梯形分布。

本规范采用土压力修正系数 β_1 反映锚杆(索)挡墙侧向压力的增大。岩质边坡变形小,应力释放较快,锚杆(索)对岩体约束后侧向压力增大不明显,故对非预应力锚杆(索)挡墙不考虑侧压力增大,预应力锚杆(索)考虑 1.1 的增大值。

两肋柱之间的挡土板土压力计算,对于存在“拱效应”较强的岩层和密实土层边坡,可考虑两肋柱间岩土“卸荷拱”的作用进行计算;对于不能形成“拱效应”的土层、破碎岩层和填方边坡,应采用岩土压力来计算。

7.3 构造要求

7.3.1 锚杆(索)挡墙可根据地质及工程实际情况选择不同的形式。锚杆(索)间距过密时产生的“群锚效应”,将降低锚杆(索)的锚固力,锚固段应力影响区段土体被拉坏可能性增大。

8 锚喷支护

8.1 一般规定

8.1.1～8.1.2 锚喷支护中锚杆有系统锚杆与局部锚杆两种类型。系统锚杆用以维持边坡整体稳定,采用直线滑裂面的极限平衡法计算。局部锚杆用以维持不稳定块体的稳定,采用赤平投影法或块体平衡法计算。锚喷支护多用于临时性支护工程,若作为永久防护措施,宜用于无外倾滑动面的普通岩土稳定边坡坡面的加固处理。

8.3 构造要求

8.3.1 锚喷支护主要用于稳定性较好的边坡,锚杆多采用全长黏结型,主要是因为此类型锚杆具有性能可靠、使用年限长、便于施工等优点,一般长度不宜过长。锚杆最大间距以确保两根锚杆之间的岩体稳定为前提,对于系统锚杆未能加固的局部不稳定区或不稳定块体,可采用随机布设进行加固。

8.3.5 混凝土面板的长度不宜过大,以避免当混凝土收缩时坡体的约束作用产生拉应力,导致面板开裂,因此限定了面板伸缩缝的设置距离。

8.3.6 边坡的稳定和安全与水的关系十分密切,对于喷射混凝土而言,由于开挖边坡和大面积的封闭坡面,地表水和地下水容易在此类边坡内汇集,进而引起边坡的失稳和破坏。故应结合地形条件和水文地质条件,设置必要的坡表截、排水体系和坡体泄水孔等,及时将地表水和坡体内部水排出坡外。

8.4 施工要求

8.4.2 规定混凝土的配合比主要是考虑既可满足喷射混凝土的强度要求,又可减少回弹损失。当水泥用量增加时,喷射混凝土的强度提高,回弹减少。缺点是水泥用量太高,不仅不经济,也会增加混凝土的收缩。

9 土钉墙

9.1 一般规定

9.1.1 土钉墙是通过钢筋等高强度长条材料对原位岩土体进行加固,从而提高原位岩土体的强度,与被加固土体形成了复合抗力结构。在顺层及存在不利结构面的岩质边坡中不宜设置土钉墙,如设置土钉墙，必须对岩层面或不利结构面进行整体抗滑、抗剪稳定性验算。

9.1.3 单级土钉墙比多级土钉墙承受的土压力大且土钉更长，故墙较高时，从经济及稳定方面考虑，一般采用两级或多级。土钉墙分层开挖的最大高度取决于岩土体的自稳能力。

9.2 设计计算

9.2.1～9.2.4 土钉墙由面板、土钉与边坡岩土相互作用，土压力的问题比较复杂。它与边坡岩土性质、注浆压力等许多因素有关。实测表明，土压力分布呈中间大、上下小的特征，但总的土压力与库仑土压力接近。

土钉设计计算包括土钉抗拔力检算、土钉墙内部稳定性检算和外部稳定性检算。土钉抗拔能力取决于：①土钉材料的自身强度；②土钉和注浆体间的黏结力；③注浆体和岩土体间的黏结力。土钉设计抗拔力应取三者中的最小值。

土钉的长度是由加固岩土体潜在破裂面和土钉的受力确定，根据实测资料将每层土钉最大轴力连线简化后所得。

土钉内部稳定性计算方法较多，包括简单圆弧法、Bishop 法、德国 StoCker 极限分析法、法国 Schlosser 极限分析法等。对应可参考的规范有《建筑边坡工程技术规范》(GB 50330)、《建筑基坑支护技术规程》(JGJ 120)、《铁路路基支挡结构设计规范》(TB 10025)、《土钉支护技术规范》(GJB 5055)等，对于土钉稳定性计算总体都是基于土压力理论和极限平衡理论，分为土压力荷载法和土压力滑动面法。土压力荷载法是基于经典土压力理论，根据经验和地层不同选取土压力分布形式，假定最大张拉力作用线形状。土压力滑动面法是根据边坡滑坡破坏模式，寻求最小安全系数对应滑动面，并考虑相对应的加固措施。

土钉墙外部稳定性检算是将土钉及其加固体视为重力式挡土墙，按重力式挡土墙的稳定性检算方法，进行抗倾覆稳定性、抗滑稳定性和基底承载力检算。

由于边坡土体开挖未设土钉时属危险阶段，因此土钉墙除考虑使用阶段的整体稳定性检算外，还必须考虑施工阶段的稳定性。